WOLFGANG HENSEL

GARTEN

FÜR EINSTEIGER: SCHRITT FÜR SCHRITT ZUM GRÜNEN PARADIES

PRAXIS

Den Garten pflegen

Guter Boden, gutes Wachstum

Manche Gärtner geraten regelrecht ins Schwärmen, wenn sie von den Qualitäten ihres Bodens berichten. In der Tat liefert der Boden die Grundlagen für jegliches Leben – nicht nur im Garten. Ein gepflegter, nährstoffreicher, lockerer Boden ist das beste »Kapital« für Ihre Pflanzen. Um das Wechselspiel zwischen mineralischen Voraussetzungen und den lebenden Bodenorganismen zu Ihren Gunsten auszunutzen, ist auch nur relativ wenig Aufwand erforderlich.

Unter Boden versteht man die nur wenige Handbreit tiefe, oberste Schicht der Erde. Boden bildet sich nur unter Mithilfe von Bakterien, Pilzen, Würmern, Insekten und vieler anderer lebender Organismen. Die Bodenbildung ist ein natürlicher Vorgang, der niemals zum Stillstand kommt: Alle »Abfälle«, die auf die Oberfläche gelangen, werden zerkleinert, zersetzt und fließen schließlich als organische Nährstoffe wieder in den Kreislauf ein. Der Boden bildet das Substrat für alle Pflanzen. Sie brauchen ihn, um sich mit ihren Wurzeln darin zu verankern, und nehmen Wasser und Nährstoffe aus ihm auf.

Guter oder schlechter Boden?

Die Qualität eines Bodens basiert auf zwei Faktoren: den mineralischen Voraussetzungen und dem Gehalt an organischen Nährstoffen. Der Mineraliengehalt eines Bodens ist abhängig vom Grundgestein, auf dem der Boden entstand. Sie können den Mineraliengehalt zwar durch gezielte Düngergaben (siehe Seite 42ff.) nachträglich beeinflussen, jedoch nicht grundsätzlich verändern.

Viel mehr Einflussmöglichkeiten zur Bodenverbesserung haben Sie dagegen bei den organischen Bestandteilen des Bodens:

● Arbeiten Sie regelmäßig Kompost aus eigener Herstellung – oder zugekauften – in die oberste Bodenschicht ein, und decken Sie die Beete mit Mulch ab. So bleibt der Boden feucht und locker, und Sie bieten den Bodenorganismen die besten Voraussetzungen, um ihre nützliche Arbeit zu tun.

● Verzichten Sie auf das Umgraben und beschränken Sie sich auf eine gründliche Bodenlockerung im Frühjahr.

● Jäten Sie regelmäßig Unkraut. Unkräuter entziehen dem Boden Wasser und Nährstoffe, die Ihre Zierpflanzen dringend benötigen. Kräftige, hohe Unkräuter treten außerdem in Lichtkonkurrenz zu den Gartenpflanzen.

Was für einen Boden habe ich?

Sie haben eine ganze Reihe von Möglichkeiten, den eigenen Gartenboden zu analysieren. Für den »Hausgebrauch« reicht es in der Regel, wenn Sie wissen, welchen Säuregrad (pH-Wert) der Boden hat (siehe Kasten) und um welche Art von Boden es sich handelt.

Diese Informationen erlauben dann Rückschlüsse auf die Auswahl der Zier- und Nutzpflanzen und helfen Ihnen, die richtigen Pflegemaßnahmen zu ergreifen. Professionelle Hilfe bieten Institute für Bodenkunde an (die Adresse einer Einrichtung in Ihrer Nähe finden Sie im Internet oder auf Nachfrage in guten Gartencentern). Wenn Sie diesen Instituten eine Bodenprobe abliefern – gewöhnlich 0,5–1 kg Erde aus verschiedenen Stellen im Garten –, bekommen Sie eine detaillierte Angabe über die Art des Bodens, seine Zusammensetzung und den Mineraliengehalt. Manchmal wird auf Wunsch sogar ein Düngervorschlag mitgeliefert. Der Vorteil einer solchen Beratung ist die präzise Analyse der Bodeneigenschaften, die

Sie sowohl bei der Pflanzenauswahl als auch bei der Auswahl des optimalen Düngers verwerten können.

So bestimmen Sie Ihre Bodenart

Die Bodenart richtet sich danach, aus wie vielen Anteilen grobem (Sand) und feinem Material (Ton) sie besteht. Dieses Mischungsverhältnis bestimmt die Fähigkeit des Bodens, Wasser und Mineralien (Dünger) festzuhalten. Damit Sie feststellen können, welche Art von Gartenboden Sie haben, entnehmen Sie einfach jeweils eine Erdprobe aus etwa 20 cm Tiefe und mischen etwas Wasser dazu. Die entstehende Masse sollte etwa so feucht wie Teig, aber nicht so matschig wie Brei sein. Mit Hilfe dieser feuchten Bodenprobe können Sie ganz einfach die drei wichtigsten Bodenarten bestimmen.

Was ist ein leichter Boden?

Leichte Böden zeichnen sich durch einen relativ hohen Sandanteil aus. Wenn Sie die feuchte Bodenprobe zwischen den Fingern reiben, dann spüren Sie deutlich die feinen Sandkörnchen. Aus solch einer Bodenprobe können Sie keine Kugel formen.

Leichte, sandige Böden sind nicht das Schlechteste, was Ihnen passieren kann. Sie sind locker, gut durchlüftet, und Regenwasser zieht ab, ohne dass Staunässe entsteht – allerdings ist genau dies auch der Nachteil sandiger Böden: Sie trocknen im Sommer relativ leicht aus und sind kaum in der Lage, mineralischen Dünger festzuhalten, da dieser durch den Regen ausgewaschen wird und im Grundwasser landet.

Einen leichten Boden können Sie auf verschiedene Art und Weise verbessern:
- Regelmäßig und reichlich Kompost einarbeiten. Er reichert sandige Böden mit organischem Material an, das mehr Wasser und Nährstoffe festhalten kann. Kommerziell angebotene Tonminerale oder spezielle, poröse Schaumstoffflocken erfüllen denselben Zweck.
- Eine kontinuierlich erneuerte Mulchdecke verhindert, dass Bodenwasser verdunstet.
- Leichte Böden nicht mineralisch düngen – der Dünger würde zu schnell ausgewaschen –, sondern mit einem organischen Langzeitdünger versorgen. Er zerfällt langsamer und gibt die Mineralien »portionsweise« ab.

Was ist ein mittlerer Boden?

In mittleren Böden sind Tone und Sand miteinander vermischt; je nach Verhältnis sind sie eher sandig oder eher tonig. Wenn Sie die feuchte Bodenprobe zwischen den

So messen Sie den pH-Wert

Obwohl die meisten üblichen Gartenpflanzen einen gewissen Toleranzbereich besitzen, sollte man zumindest bei der Neuanlage eines Gartens den pH-Wert seines Bodens kennen. Zur Messung des pH-Wertes eignet sich am besten ein kommerzielles pH-Set, auf dem auch angegeben ist, wie man vorgehen muss. Eine preiswerte Alternative stellt pH-Papier (Lackmus-Papier aus der Apotheke) dar. Entnehmen Sie eine Bodenprobe aus ca. 20–30 cm Tiefe. Geben Sie die Erde in einen Becher mit Wasser und rühren Sie so lange, bis die Erde aufgeschlämmt ist. Tunken Sie den Textstreifen in die Flüssigkeit und vergleichen Sie die Verfärbungen mit der pH-Skala.

Die schwarze Bodenprobe (links) besteht ausschließlich aus Humus, die mittlere Probe stammt aus sandigem, die rechte aus lehmigem Boden.

Fingern zerreiben, spüren Sie zwar den rauen Sand, sehen aber auch die feinen Anteile, die sich als Schmutz in die Falten der Handflächen einlagern. Sie können aus der Bodenprobe Kugeln formen, die allerdings nicht besonders stabil sind und rasch wieder zerfallen.

Mittlere oder lehmige Böden sind optimale Gartenböden: Sie speichern Wasser und Nährstoffe, sind immer noch locker genug und lassen sich leicht bearbeiten. Bei der Bodenpflege kommt es darauf an, diese guten Eigenschaften zu bewahren. Eine Mulchdecke erhält die Feuchtigkeit im Boden, sparsam gegebener organischer Volldünger die Fruchtbarkeit. Im Frühling locker eingearbeiteter Kompost unterstreicht die guten Eigenschaften.

Was ist ein schwerer Boden?

In schweren Böden überwiegt der Ton. Die feuchte Bodenprobe bleibt an den Händen kleben – glänzende Oberflächen deuten auf besonders hohen Tonanteil hin – und lässt sich problemlos zu stabilen Kugeln formen bzw. sogar zu »Würsten« ausrollen.

Leider haben Besitzer eines schweren Gartenbodens mit einem Problem zu kämpfen: Ton hält zwar hervorragend Mineralien und Wasser fest, lässt sich aber nur sehr schwer bearbeiten, neigt zu Staunässe und bildet in heißen Sommern fest verbackene Oberflächen, die schließlich in Trockenrissen auseinander reißen. Auch die Pflanzen haben es in schweren Böden nicht leicht: Das Wachstum der meisten Wurzeln wird gehemmt, die Durchlüftung ist schlecht, und die Nährstoffe lösen sich nur schwer von den Tonmineralen.

Wenn Sie bereits beim Bau Ihres Hauses und/oder der Neuanlage eines Gartens sehen, dass Sie es mit schwerem Boden zu tun haben, sollten Sie das Geld für eine Drainage investieren, die unter den Beeten angelegt wird. Sie leitet überschüssiges Wasser ab und verbessert damit die Bodeneigenschaften. Ansonsten bleibt Ihnen nichts übrig, als tonige Böden tiefgründig mit viel Sand zu vermischen, damit Sie einen mittleren Boden erhalten. Mischen Sie außerdem grobe, vorkompostierte Materialien (zerkleinerte Zweige, Stroh, Mist mit Einstreu) bei, um auf diese Weise die Durchlüftung des Bodens und die Nährstoffversorgung zu verbessern.

Das A und O: eine gute Bodenbearbeitung

Wie bereits gesagt, spielt die Qualität des Bodens eine entscheidende Rolle, dass die Pflanzen gedeihen und sich gut entwickeln. Neben den natürlichen Voraussetzungen, die Sie selbstverständlich nicht beeinflussen können, haben Sie jedoch viele Möglichkeiten, durch richtige Bodenbearbeitung positiv regulierend auf das Pflanzenwachstum einzuwirken.

So sollten Sie durch Auflockern des Bodens für einen sicheren Halt der Wurzeln und für eine gute Bodendurchlüftung sorgen. Durch regelmäßiges Mulchen oder Einarbeiten von Kompost in leichte Böden die Durchlässigkeit für Wasser senken und dadurch die Verdunstung reduzieren. Den Boden ausreichend mit Nährstoffen und Humus anreichern.

 Das benötigen Sie

- Spaten
- Grabgabel
- Sauzahn
- Kultivator
- Hacke
- Mulchmaterial

 Diese Zeit brauchen Sie

Umgraben: ca. 20 Minuten pro Quadratmeter

Boden lockern: 5–10 Minuten pro Quadratmeter

 Der richtige Zeitpunkt

Umgraben: bei einem neuen Beet
Boden lockern: Frühling
Mulchen: Herbst und Frühling

Umgraben: tiefgründiges Auflockern des Bodens

Beim Umgraben wird der Boden in Spatentiefe umgeworfen, d. h. sein Zusammenhalt wird gelockert, und die tieferen Bodenschichten gelangen an die Oberfläche. Diese Methode stört allerdings die natürliche Schichtung des Bodens und sollte daher nur durchgeführt werden, wenn ein neues Beet angelegt wird. Sehr tonhaltige und stark verfestigte Böden können durch tiefes Umgraben (zwei Spatentiefen) jedoch merklich verbessert werden.

Mein Tipp: Legen Sie die jeweils oberen Schollen zunächst zur Seite, und stechen Sie dann die untere Lage um. Mit dieser Technik, dem so genannten Rigolen, wird der Boden tiefgründig aufgelockert, das Wasser kann ablaufen und Staunässe wird verhindert.

Im Frühjahr muss der Boden aufgelockert werden

Den Boden aufzulockern gehört zu den Arbeiten, die regelmäßig im Frühling durchgeführt werden müssen. Gemulchte Flächen lockern Sie am besten mit dem Sauzahn auf. Dieses sichelförmige Gartengerät schneidet sich in den Boden ein, ohne Zwiebeln oder Wurzeln zu schaden. Es reißt Boden auf, die Schichten verbleiben aber in ungestörter Lagerung. Mit dem Sauzahn wird auch Dünger in den Boden eingearbeitet. In stark verdichteten Böden stößt der Sauzahn jedoch an seine Grenzen. Hier stechen Sie besser eine Grabgabel bis zum Anschlag in den Boden und rütteln sie hin und her. Diese Technik stört weder die Schichtung noch das Bodenleben, ist aber relativ aufwändig, da die Gabelstiche in handbreitem Abstand geführt werden müssen.

So durchlüften Sie die obersten Bodenschichten

Zur gründlichen Durchlüftung der obersten Bodenschichten habe ich die besten Erfahrungen mit dem Kultivator gemacht. Das ist eine spezielle Form von Ziehhacke, bei der die Zinken an den Spitzen wie kleine Pflugscharen verbreitert sind. Bei den meisten Modellen kann der Abstand zwischen den Zinken verändert und damit die Breite des Kultivators verstellt werden. Die Zinken greifen nicht sehr tief, sorgen aber bei kräftigem Zug für eine gründliche Lockerung und gute Durchlüftung der obersten Bodenschichten. Der Kultivator kann allerdings nicht in dicht bepflanzten Beeten eingesetzt werden, da er die Wurzeln schädigen würde. Dafür eignet er sich aber bestens, um z. B. Gemüsebeete im Frühling auf die Bepflanzung vorzubereiten.

Das tut dem Boden gut: regelmäßig aufhacken

Eine alte Gartenregel lautet: »Einmal aufgehackt, ist zweimal gegossen.« Hacken sollten Sie immer dann, wenn die Erdoberfläche durch Regen oder zu starkes Gießen verdichtet ist. Zum einen wird jetzt das Wasser im Boden durch feine Kanäle an die Oberfläche gesogen, wo es verdunstet, zum andern bekommen die feinen Wurzeln durch die lockere Erde wieder genügend Luft.

Hacken gibt es in ganz unterschiedlichen Ausführungen, mit breitem und schmalem Blatt. Sehr praktisch sind auch Doppelhacken mit Zinken auf einer und einem festen Blatt auf der anderen Seite. Damit lassen sich sowohl gröbere Schollen zerkleinern als auch Unkraut in den Reihen zwischen Zier- oder Gemüsepflanzen entfernen, ohne dass Sie sich mühsam bücken müssen.

Mulchen bringt dem Boden viele Vorteile

Das Mulchen wirkt sich in mehrerer Hinsicht positiv auf den Boden aus: Die Mulchschicht bewahrt die Bodenfeuchte, reduziert die Keimrate einjähriger Unkräuter und verhindert, dass der Regen den Boden verdichtet.

Als Mulchmaterial dienen Kompost, Laub, angetrockneter Grasschnitt und klein gehäckselte Zweige und Rindenstücke.

Mulchen Sie während der Vegetationsperiode in dünner Schicht zwischen Stauden, Gemüse oder unter Sträuchern. Achtung, unter dem Mulch halten sich aber auch gerne Schnecken auf! Dicker auftragen können Sie im Herbst: Verteilen Sie jetzt nach der Bodenlockerung den Mulch gleichmäßig auf der gesamten Fläche und arbeiten Sie ihn dann im Frühjahr in den Boden ein.

Kompost – das schwarze Gold des Gärtners

Kompostierbares

- Gartenabfälle (jedoch keine kranken Pflanzenteile oder samentragende Unkräuter)
- rohe (keinesfalls gekochte) Küchenabfälle
- trockener Rasenschnitt
- Blätter
- Schnittreste von Hecken und Gehölzen
- Stroh
- Mulchreste
- Pappe, Kaffeefilter und Papier (in Maßen)

Beim Kompostieren wird das organische Material aus Haus und Garten in seine Bestandteile zerlegt und in Form von Humus wieder nutzbar gemacht. Ein Komposthaufen ist also gewissermaßen ein biologischer Kreislauf im Kleinen. Da der eigentliche Verrottungsvorgang völlig ohne Zutun des Gärtners stattfindet, kommt es einzig darauf an, optimale Voraussetzungen für die Bodenlebewesen zu schaffen, die diese Arbeit erledigen.

Ein gut angelegter Komposthaufen stinkt nicht und macht kaum Arbeit. Wenn das kompostierbare Gut locker und gut durchlüftet bleibt und ausreichend mit Wasser versorgt wird, sackt es binnen weniger Monate zusammen, und Sie haben dann einen guten und darüber hinaus noch äußerst billigen Dünger für Ihre Blumen- und Gemüsebeete.

1. So legen Sie einen Komposthaufen an

Einen Komposthaufen kann man auf ganz unterschiedliche Weise anlegen, wichtig sind aber auf jeden Fall zwei Behälter: einen zum Sammeln des organischen Materials und einen zum Umsetzen, in dem der Kompost dann reifen (rotten) kann.

Sie könnten das Kompostmaterial einfach auf einen Haufen schichten, das benötigt allerdings viel Platz und sieht nicht gerade sehr schön aus. Besser sind Sammelbehälter aus Holzlatten oder Maschendraht. Bei wenig Platz bieten sich so genannte Thermo-Komposter aus Kunststoff an (siehe Seite 17, Bild oben).

Legen Sie den Kompostplatz nicht zu klein an. Pro 100 qm Gartenfläche sollten etwa 3 qm Kompostfläche zur Verfügung stehen.

Außerdem muss der Sammelbehälter eine Verbindung zum Gartenboden haben, damit die das Material zersetzenden Bodenlebewesen (Regenwür-

mer, Käfer, Bakterien, Pilze) leichten Zugang finden. – Das gilt auch für den Thermo-Komposter!

Der Komposthaufen sollte bei jedem Wetter gut zugänglich sein und darf weder in der prallen Sonne noch im Vollschatten liegen.

 Expertentipp

Wenn der Kompostplatz nicht an der Grundstücksgrenze liegt, vermeiden Sie Nachbarschaftsstreit.

2. Die Mischung macht's: So wird der Komposthaufen am besten befüllt

Verwenden Sie ausschließlich klein geschnittenes oder zerrissenes Material. Grob zerkleinerte Äste und Zweige sorgen für die nötige Durchlüftung. Ideal ist es, wenn Sie lockere und feinere Bestandteile gleichmäßig vermischen. Grasschnitt sollte vor dem Einfüllen angetrocknet sein, um Fäulnis zu verhindern.

Sie können die Kompostierung beschleunigen, wenn Sie entweder so genannte käufliche »Kompoststarter« hinzugeben oder – wenn vorhanden – etwas fertigen Kompost vom alten Komposthaufen.

3. Erst sammeln, dann reifen: Warum sollte der Kompost umgesetzt werden?

Theoretisch könnten Sie einen Komposthaufen einfach sich selbst überlassen. Der Verrottungsprozess läuft jedoch weitaus effektiver ab, wenn Sie die gesammelten Gartenabfälle nach etwa 2–3 Monaten in eine zweite Kompostlege umschichten und dann ungestört lassen. Achten Sie wieder darauf, grobes und feines Material zu mischen. Die Reife des Kompostes gelingt besonders gut, wenn Sie jeweils auf zwei Handbreit dieses Materials eine dünnere Lage mit Gartenerde/Kompost, etwas Steinmehl und ein wenig organischen Dünger aufschichten.

4. Wann ist der Kompost reif?

Spätestens nach einem halben Jahr ist der Kompost reif. Die feineren organischen Bestandteile sind zu dunklem, duftendem Humus geworden, der zur Verbesserung der Bodenqualität direkt auf die Beete aufgebracht werden kann. Da der reife Kompost immer noch gröbere Stücke enthält, sollten Sie ihn vor der Verwendung sieben. Ein grobes Kompostsieb lässt sich aus einem Holzrahmen und Maschendraht leicht selbst herstellen. Was nicht durch das Sieb fällt, kommt als grobes Lockermaterial wieder auf den Sammelkompost.

Was vor Aussaat und Pflanzung zu tun ist

Neben den routinemäßigen Pflegemaßnahmen, um die Bodengesundheit zu erhalten, muss der Boden immer dann besonders vorbereitet werden, wenn Pflanzmaßnahmen oder Aussaaten anstehen. In einem regelmäßig bepflanzten, gewachsenen Garten sind diese Arbeiten gewöhnlich räumlich begrenzt. In neuen Gärten dagegen, insbesondere wenn die Beete unmittelbar nach dem Bau eines Hauses auf »rohen« Grundstücken bepflanzt werden sollen, kann die Bodenvorbereitung ziemlich umfangreich werden.

Bevor Sie mit den eigentlichen Arbeiten beginnen, muss der Boden, wie auf Seite 14/15 dargestellt, gründlich aufbereitet und gelockert werden. Führen Sie die dort aufgeführten Arbeiten im Herbst durch und beginnen Sie mit der Bodenvorbereitung im Frühling des Folgejahres. Werden innerhalb eines bestehenden Beetes neue Stauden eingepflanzt oder Sommerblumen ausgesät, müssen Sie auf die Knie gehen und die Feinarbeiten mit Handgrubber und -rechen ausführen. Je früher Sie pflanzen, desto kleiner ist der Austrieb der etablierten Stauden und damit desto geringer die Gefahr, sie zu beschädigen.

1. Aufkommendes Unkraut entfernen

Um den Gartenpflanzen einen guten Start zu gewährleisten, müssen zunächst störende Unkräuter entfernt werden. Wenn der Boden im Vorherbst gemulcht worden war, treiben im Frühling vor allem die mehrjährigen Unkräuter aus, denn sie haben mit Hilfe eines Wurzelstocks überwintert.

Lassen Sie sich auf kleinen Flächen auf die Knie nieder, lockern Sie den Boden mit einem Handgrubber und ziehen Sie das Unkraut heraus, ggf. muss die Wurzel ausgegraben werden. Für größere Flächen ist eine Jätehacke praktischer und effektiver.

2. So bekommen Sie eine glatte Erdoberfläche

Lockern Sie den Boden mit einem Sauzahn auf und schieben Sie Reste des Mulchs beiseite (er kommt später wieder dünn aufs Beet). Ziehen Sie einen kleinen Grubber vorsichtig durch die obersten Bodenschichten.

Im Unterschied zum Kultivator hat der Grubber schmalere Zinken und reißt die Erde nur oberflächlich auf. Er dient vor allem dazu, die gröberen Schollen zu zerkleinern.

3. Krümeliger Boden sorgt für besseren Halt

Wenn eine Aussaat geplant ist, müssen die obersten Zentimeter des Bodens feinkrümelig sein, damit die zarten Würzelchen der auskeimenden Pflanzen sicheren Halt zwischen den Bodenteilchen finden. Außerdem sind bei einem krümeligen Boden die direkten Kapillarverbindungen (feinste Haarröhren) zwischen Bodenwasser und Luft unterbrochen, so dass die Verdunstung reduziert wird. Zum Zerkrümeln eignet sich die Sternfräse (auch Gartenwiesel genannt) sehr gut: Sie wird horizontal gezogen, reißt den Boden kurz unter der Oberfläche auf und zerkleinert die Bruchstücke mit sternförmigen Rädern.

4. Der Rechen gibt den letzten Schliff

Zum Zerkrümeln der obersten Bodenschicht reicht oftmals aber auch schon ein stabiler Gartenrechen aus Metall aus. Ziehen Sie mit dem Rechen über die mit dem Grubber behandelten Bereiche und zerkleinern Sie größere Schollen mit einem vorsichtigen Schlag. Achten Sie darauf, die Fläche so waagerecht wie möglich zu rechen, und wechseln Sie immer wieder die Streichrichtung, damit sich keine Senken bilden. Erst ganz zum Schluss wird ohne Druck die gesamte Fläche einheitlich glatt gerecht.

5. Aussaat und Pflanzung vorbereiten

Bevor Sie die nun gut vorbereitete Pflanzfläche mit Pflanzen bestücken oder Ihre Aussaat vornehmen, sollten Sie sich erst einmal grob die Fläche einteilen, damit nachher nichts zu dicht aufwächst oder größere Lücken entstehen. Legen Sie dazu die ausgewählten Pflanzen erst einmal so auf der Pflanzfläche aus, wie Sie sich die Verteilung vorgestellt haben, und kontrollieren Sie noch einmal, wie die erwünschte Kombination zur Geltung kommt. Noch können Sie problemlos umgruppieren!

Werkzeuge »fürs Grobe«: Grabgeräte

Im Verhältnis zu anderen Geräten kommen Grabgeräte eher selten zum Einsatz, werden dann aber stärker beansprucht. Es lohnt sich also, Qualitätsgeräte zu kaufen, die gut in der Hand liegen.

Spaten (manche haben einen T-Griff zur besseren Handhabung) zum Umgraben und Abstechen von Kanten

Schaufel zum Verteilen von Erde, Sand oder Kompost

Grabgabel zum Lockern (wer regelmäßig größere Stauden teilt, braucht zwei Grabgabeln)

Hacke zum groben Lockern des Bodens

Lockern, krümeln, glätten: Geräte zur Bodenbearbeitung

Diese mittelgroßen Gartengeräte werden regelmäßig und häufig gebraucht, vor allem, wenn Sie Ihre Beete öfter einmal anders bepflanzen. Entscheiden Sie sich für Qualität. Nehmen Sie das Gerät im Geschäft so in die Hand wie später im Garten und versuchen Sie, den Arbeitsablauf zu simulieren – unhandliche Griffe sind mehr als ärgerlich!

Sauzahn und **Kultivator** zur Bodenlockerung

Grubber zum Zerkleinern der Erdschollen

Rechen zum Glätten der Beetflächen

Alles im (am) Griff: Systemgeräte

Bei diesem Werkzeugtyp werden Handgriff und das eigentliche Werkzeug getrennt angeboten. Bei den Modellen renommierter Firmen werden die Werkzeuge durch kräftigen Druck in eine Führung am Stiel eingerastet und halten sicher fest.

Systemwerkzeuge sind teurer als Einzelwerkzeuge, sie sind aber in kleinen Gärten die bessere Alternative , da sie wenig Platz einnehmen und sich je nach Bedarf ergänzen lassen. Mit zwei langen und zwei kurzen Stielen haben Sie für jede Arbeit das richtige Gerät.

Zum Pflanzen und Unkraut entfernen: Kleingeräte

Für ganz bestimmte Arbeiten im Beet, bei der Bepflanzung von Kübeln und Töpfen braucht man einige wenige Kleingeräte. Diese müssen allerdings unbedingt gut in der Hand liegen, denn Nahtstellen oder Kanten im Griffbereich machen das Arbeiten rasch zur Qual, und Blasen sind vorprogrammiert. Gesunde Hände und lange Haltbarkeit sollten einen etwas höheren Preis wert sein.

Handschaufel zum Pflanzen, **Handgrubber** zum Lockern und Jäten

Pflanzholz und **Zwiebelpflanzer** für Zwiebeln und Knollen

Notwendige Gartengeräte

Zarte Blüte, dicker Ast: für alles das richtige Schnittwerkzeug

Messer, Scheren und Sägen braucht man im Garten häufiger, als man glaubt. Vom Abschneiden verblühter Blütenstände bis zum Entfernen morscher Zweige – für jede Schneidearbeit gibt es das passende Gerät.
Gartenschere für den Staudenschnitt und dünnere Strauchzweige
starke Astschere mit langen Schenkeln für dicke Zweige
Baumsäge für größere Gehölze
Heckenschere für Hecken- und Formschnitt
Gartenmesser (Hippe) zum Glätten von Wunden und zum Teilen von Wurzeln

Wasser, das Lebenselement der Pflanzen: Gießgeräte

Von der computergesteuerten Berieselungsanlage bis zur guten alten Gießkanne – das Angebot an Gießgeräten ist riesengroß.
Gießkanne mit Wechseltülle absolut notwendig zum gezielten Wasser- oder Flüssigdüngerguss (Plastikkannen sehen zwar »billiger« aus, man spart aber beim Tragen das Gewicht einer Metallkanne)
Gartenschlauch mit Wandhalter oder Schlauchwagen zum flächenhaften Gießen
Tröpfelschläuche für sparsame Dauerbewässerung
Regner für den Rasen

Ohne Mühe kein Lohn: Rasenpflegegeräte

Zur Rasenpflege gibt es vielerlei arbeitserleichternde Geräte:
Rasenmäher in unterschiedlichen Ausführungen; mechanische Spindel- mäher sind sehr schonend; elektrisch oder mit Benzinmotor für große Flächen, ein Fangkorb für den Schnitt gehört zum Standard
Kantenschneider (Schere oder Elektrogerät) für Perfektionisten
Fächerbesen oder feiner Rechen zum Entfernen des Rasenschnittes
Rasentrimmer schlagen hohe Kräuter mit einer Kunststoffsehne ab
Vertikutierer zum Durchlüften werden selten gebraucht und können geliehen werden

Kleine Helfer, große Wirkung: notwendiges Zubehör

Für den Anfang sollten Sie sich unbedingt folgendes Zubehör zulegen:
Handschuhe zum Schutz
Pflöcke und Spannschnur um Grenzen und Saatreihen festzulegen
Bindedraht und Baumschnur zum Befestigen
Gummistiefel, denn manchmal muss – oder möchte – man auch nach einem Regenguss in den Garten gehen
Körbe als Universalgefäße
Schubkarre, wenn größere Materialmengen (Kompost!) anfallen

So pflanzen Sie richtig

Was für erfahrene Gärtner eine reine Freude ist, kann bei Garten-Neulingen durchaus in Stress ausarten: das Angebot eines Gartencenters.

Dabei ist es gar nicht so schwierig, sich einen ersten Eindruck zu verschaffen: Zwiebelblumen machen am wenigsten Arbeit (manche Knollen schon mehr), Einjährige werden ausgesät, Stauden aus dem Container in den Gartenboden gesetzt – fast wie das Umtopfen einer Zimmerpflanze, und die meisten Gehölze kann auch ein Einsteiger leicht bewältigen.

Wer zum ersten Mal die spannende Aufgabe vor sich hat, ein Beet oder gar einen Garten zu bepflanzen, braucht vor allem Geduld im Vorfeld. Sofort in ein Gartencenter zu gehen und mitzunehmen was gefällt, hat fast immer das Scheitern des Projektes zur Folge.

Gehölze bilden in der Regel das Grundgerüst eines Gartens. Aber überlegen Sie genau, welche und wie viele Gehölze Sie in Ihrem Garten haben möchten. Muss es wirklich ein großer Baum sein? Einer oder mehrere blühende Sträucher eignen sich oftmals besser als Blickpunkte und nehmen weniger Raum ein. Auch niedrige Obst- oder Zierbäume mit kleiner Krone können markante Akzente setzen und als Blickfänge dienen.

Und wie sieht es mit den Blütenpflanzen aus? Welche Art von Blumenbeet bevorzugen Sie? Bunt wie in einem Bauerngarten, edel und streng, Ton-in-Ton oder aufregend grell? Verschaffen Sie sich zunächst einen Überblick über das gängige Angebot und listen sich die für Sie interessanten Pflanzen erst einmal auf. Können Sie diesen Pflanzen auch den richtigen Standort anbieten?

Stellen Sie dann eine gezielte Einkaufsliste zusammen, und nehmen Sie sich Ihren Garten abschnittsweise vor, damit Sie alle neuen Pflanzen noch am selben Wochenende einpflanzen können. Ideal zum Pflanzen ist bedecktes, nicht zu sonniges Wetter.

● Nutzen Sie das reiche Frühlingsangebot, um Stauden und vorgezogene Einjährige einzukaufen.

● Gehölze mit nackten Wurzeln kommen im Herbst in die Erde (fast ausschließlich Heckengehölze).

● Gehölze und Stauden im Container können das ganze Jahr über gepflanzt werden.

● Zwiebeln werden je nach Blütezeit im Herbst oder Frühling gesteckt (Packungshinweise beachten).

● Rasen kann während der gesamten Vegetationsperiode gesät werden, am besten jedoch im Frühjahr.

Wegweiser durchs Pflanzenangebot

Pflanzen im Kunststoffcontainer als Angebotsform haben sich praktisch überall durchgesetzt. Der Container ist gleichzeitig Transportmittel und Blumentopf, was ihn für den Handel interessant macht. Da die Pflanzen in einem Container ein normales Wurzelwerk ausbilden, lassen sie sich einfach und mit relativ geringem Risiko einpflanzen – hier liegt der Vorteil für den Gärtner: Gut bewurzelte Pflanzen dürfen während der gesamten Vegetationsperiode eingepflanzt werden, sind also ideal für Spontankäufe und um sporadische Lücken zu füllen. Man braucht sie nicht sofort einpflanzen, sondern darf sie einige Tage stehen lassen, z. B. um auf besseres Wetter zu warten (Gießen nicht vergessen!).

Was bei Containerpflanzen zu beachten ist

Obwohl Containerpflanzen das ganze Jahr über relativ leicht zu bekommen und auch zu pflanzen sind, sollten Sie vor dem Kauf einige Kriterien beachten:

Ballen, wurzelnackt, Container?

Viele Baumschulen liefern ihre Gehölze noch immer in der bewährten Form mit umwickeltem Ballen. Im Unterschied zu Container-Gehölzen besteht hier nicht die Gefahr, eine Pflanze mit verfilztem Wurzelwerk zu kaufen. Um Austrocknung zu verhindern, müssen Ballengehölze jedoch rasch eingepflanzt oder zumindest mit Erde bedeckt und gewässert werden.

Sträucher mit nackten Wurzeln bekommen Sie nur während der Vegetationsruhe im Herbst oder im Vorfrühling. Für den besten Start nach dem Einpflanzen sollten Sie sie mehrere Stunden lang in einen Eimer mit Wasser stellen.

● Das Wurzelwerk muss die Erde im Container durchdringen, darf aber nicht völlig verfilzt sein.
● Lässt sich die Pflanze bereits mit minimalem Aufwand aus der Erde ziehen, stammt sie vermutlich aus einer Stecklingsvermehrung und hat noch nicht genügend Wurzeln – besser nicht kaufen.
● Kommt Ihnen beim Ziehen an der Pflanze ein Wurzelwerk in kompakter, kubischer Form entgegen, zwischen dem man kaum noch Erde wahrnimmt, steht die Pflanze vermutlich bereits zu lange im Container – solche Exemplare sind zwar gewöhnlich durch langes Wässern und vorsichtiges Lichten der Wurzeln noch zu retten, besser wäre es jedoch, nach einer anderen Pflanze zu suchen.
● In Extremfällen wachsen die Wurzeln bereits aus dem Container heraus oder haben begonnen, ihn zu sprengen – auch auf solche Ware sollten Sie verzichten.
Ist das Wurzelwerk dicht, ohne jedoch den Containerraum völlig auszufüllen, dann haben Sie die ideale Gartenpflanze gefunden.

Pflanzen in Folie und Topfstreifen

Neben den Containerpflanzen treten die übrigen Angebotsformen etwas in den Hintergrund, haben aber dennoch ihre Berechtigung:
● Aus praktischen Gründen werden Kleinsträucher – häufig auch einfache Beetrosen – nicht im Container, sondern eingeschlagen in schwarze Folie angeboten. Hier gelten dieselben Kriterien wie bei den Containerpflanzen.
● Die so genannten Mini-Container oder »Topfstreifen« aus Styropor oder kompostierbarem Material findet man regelmäßig als Behälter für vorgezogene Ein- oder Zweijährige. Hier sind aus Gründen des Umweltschutzes recycelbare Produkte vorzuziehen.

Ballenware und wurzelnackte Pflanzen

Bei Ballenpflanzen – fast ausschließlich bei Bäumen, seltener bei Sträuchern zu finden – wurde das Gehölz erst kurz vor dem Verkauf aus einem Beet in der Baumschule ausgestochen und die Erde um die Wurzeln durch eine Hülle aus Sackleinen geschützt. Ballenpflanzen gibt es nur während der »klassischen« Pflanzzeiten (Herbst bis Frühling). Sie sollten möglichst rasch eingepflanzt werden. Eine kurze Zwischenlagerung im Garten ist jedoch möglich. Dazu werden sie mit dem eingeschlagenen Ballen in eine flache Grube gelegt und mit Erde abgedeckt (Gießen!).
Schließlich gibt es noch die Gehölze mit nackten Wurzeln. Dabei handelt es sich z. B. um Heckensträucher, die als »Meterware« angeboten werden, aber durchaus auch um

Was beim Garten-Neuling noch Verwirrung und Stress auslöst – das überreiche Angebot an Pflanzen und Samen –, stellt sich mit etwas Erfahrung als faszinierende Anregungen für den eigenen Garten heraus.

wertvolle Rosen aus dem Katalog. Sie sollten ebenfalls rasch eingepflanzt werden, können aber wie Ballenware auch kurzzeitig zwischengelagert werden.

So wählen Sie Zwiebeln und Knollen gut aus

Zwiebeln und Knollen stecken in durchsichtigen, porösen Kunststoffbeuteln hinter einem Pappschild mit Bild der Pflanze und den Pflanzanweisungen. Zwiebeln und Knollen sind dankbare Gartenpflanzen, weil sie weder beim Einpflanzen noch bei der Pflege große Ansprüche stellen. Allerdings müssen die ausgewählten Zwiebeln und Knollen gesund und frisch sein. Machen Sie eine Druckprobe: Die Organe sollten sich fest und elastisch – keinesfalls weich und matschig – anfühlen. Sie dürfen weder sichtbaren Pilzbefall noch austreibende, grüne Stängel aufweisen.

Machen Sie einen kurzen Gesundheits-Check

In welcher Form Sie Ihre Pflanzen auch erwerben, den wahren Gartenspaß werden Sie nur dann erleben, wenn die gekauften Exemplare gesund sind. Machen Sie also vor dem Kauf einen kleinen Gesundheits-Check.

Besonders schwierig ist dies bei Gehölzen im Knospenzustand: Die Zweige sollten weder erkennbar trocken noch mit farbigen Pusteln bedeckt sein; auf vorsichtiges (!) Verbiegen sollten sie sich elastisch anfühlen – Abweichungen könnten auf Frost- oder Pilzschäden hindeuten. Letztlich ist der Kauf eines solchen Gehölzes jedoch Vertrauenssache. Gehen Sie daher in eine renommierte Gärtnerei und lassen Sie sich ausführlich beraten.

Achten Sie bei Containerpflanzen auf Folgendes:

- Stauden sollten kompakt und buschig wachsen, d. h., der Abstand zwischen den Blattansätzen darf nicht zu groß sein. »Geschossene« Stängelabschnitte (man nennt dies auch vergeilte Pflanzen) entstehen, wenn die Jungpflanzen nicht genügend Licht bekommen – oftmals erholen sie sich nicht mehr.

- Alle Blätter müssen kräftig grün aussehen und weder auf Ober- noch auf Unterseiten hellgrüne bis gelbe Flecken aufweisen. Solche so genannten Chlorosen sind Zeichen von Mangelernährung, im schlimmsten Fall sogar von einer Krankheit, von der auch Nachbarn betroffen sein könnten.

Pflanzen im Zimmer vorziehen

Werden Nutzpflanzen, wie Gemüse und Salate, oder Zierpflanzen, wie einjährige Sommerblumen, im Zimmer ausgesät, verschafft man ihnen einen guten Entwicklungsvorsprung gegenüber den Freilandpflanzen. Während man im Zimmer Temperatur und Feuchte steuern und konstant halten kann, müssen Freilandpflanzen mit den Bedingungen vorlieb nehmen, die ihnen das Wetter bietet. Vorgezogene Pflanzen sind zudem preiswert, relativ problemlos und stehen schließlich in großer Menge zur Verfügung. Der einzige Nachteil – und selbst das gilt nur eingeschränkt – wäre ihr Platzbedarf während der Anzucht: Sie brauchen mindestens eine breite Fensterbank, sofern Sie nicht über den Luxus eines kleinen Gewächshauses verfügen.

 Das benötigen Sie

- Pflanzschale (mit passender Glasscheibe zum Abdecken) oder Mini-Gewächshaus
- Anzuchterde
- quellbare Samentöpfchen
- Pikierhölzchen, Holzspatel oder Bleistift
- Gießkanne mit feiner Tülle oder Wasserzerstäuber

 Der richtige Zeitpunkt

Aussaatzeit, Aussaattemperatur, Keimdauer und die Abdeckhöhe der Samen mit Erde stehen auf den Packungen

1a. Aussaat in der Schale

Für die Aussaat im Zimmer eignen sich so genannte »Mini-Gewächshäuser« aus dem Gartencenter, aber auch größere, flache Schalen. Wichtig ist das richtige Anzuchtsubstrat: Gartenerde enthält fast immer Pilzsporen, Krankheitskeime oder Unkrautsamen. Auch »Blumenerde« ist nicht geeignet, da sie mit Dünger versetzt wurde und das Wachstum der Keimwurzeln hemmen würde. Geeignet sind Komposterde, vermischt mit Sand, die allerdings im Backofen bei ca. 100 °C keimfrei gemacht werden muss, oder spezielle Anzuchterde.
Folgen Sie bei der Aussaat den Anweisungen auf den Samentütchen. Der Samen wird ausgestreut, vorsichtig angedrückt und ggf. mit Erde bedeckt; Gießen mit einem Zerstäuber und Abdecken mit einer Glasscheibe (Hölzchen zum Belüften).

1b. Aussaat in Jiffy-Töpfen

Unter dem Markennamen Jiffy werden kompostierbare Töpfe aus pflanzlichem Material angeboten, die eine besonders einfache Möglichkeit zur Aussaat darstellen. Man füllt die Töpfe mit Anzuchterde und gibt den Samen hinein. Diese Methode ist besonders gut für Pflanzen mit größeren Samenkörnern geeignet. Gießen Sie die Töpfe sparsam, aber regelmäßig, denn die Erde mit den Samen darf nie austrocknen. Sobald die Pflänzchen mehrere Blattstockwerke groß sind, werden sie ins Freiland (Packungshinweise beachten) ausgepflanzt.
Im Unterschied zur »klassischen« Aussaat in Schalen werden die Pflanzen im Jiffy-Topf nicht pikiert, sondern kommen mitsamt dem Topf in die Erde. Die Wurzeln können die Topfwand durchdringen und ins Erdreich einwachsen.

2. So vereinzeln Sie zu dicht stehende Sämlinge

Bei der Anzucht in der Schale müssen die auskeimenden Pflänzchen, sobald sie erste Laubblätter oberhalb der Keimblätter ausbilden, vereinzelt (in der Gärtnersprache »pikiert«) werden, d. h., die gesündesten Pflänzchen werden entweder in Einzeltöpfe oder größere Schalen umgesetzt, damit sie genügend Raum haben, ihr Blatt- und Wurzelwerk zu entfalten. Fahren Sic dazu mit einem Pikierholz oder einem Holzspatel unter die Sämlinge und heben Sie vorsichtig ein Pflänzchen nach dem anderen aus der Erde.

3. Schaffen Sie ein feuchtwarmes Klima

Mini-Gewächshäuser haben eine durchsichtige Abdeckhaube, um ein feuchtwarmes Klima zu erhalten. Größere Schalen können mit einer Glasscheibe und einzelne Blumentöpfe (für große Samen) mit einer Folienhaube abgedeckt werden. Sobald die Sämlinge erscheinen, ist es allerdings unbedingt notwendig, die Abdeckung täglich für einige Zeit abzuheben und die Pflanzen zu belüften, damit sich keine Pilze ansiedeln können. Trocknen Sie feste Abdeckungen innen mit einem Tuch.

4. Gießen Sie Samen und Sämlinge vorsichtig

Frisch ausgesäter Samen oder zarte Jungpflänzchen sind sehr empfindlich. Ein kräftiger Guss mit einer Gießkanne kann den Samen zur Seite schwemmen oder die Würzelchen der Sämlinge bloßlegen.
Benutzen Sie daher in der Frühphase der Pflanzenentwicklung unbedingt eine Wasserflasche mit Zerstäuber – sie werden auch als »Befeuchter« für Zimmerpflanzen angeboten. Sie zersprühen das Wasser nebelartig fein und feuchten die Erde nur an, ohne sie wegzuschwemmen. Sind die Pflanzen etwas größer geworden, sollten sie allerdings nicht mehr besprüht werden, sonst könnten sich Pilze auf den Blättern bilden. Benutzen Sie jetzt eine kleine Gießkanne mit feiner Tülle.

So säen Sie direkt ins Freiland aus

Bei der Aussaat ins Freiland, auch Direktsaat genannt, umgeht man die Phase der Vorkultur und des Pikierens, der Arbeitsaufwand scheint also geringer zu sein. Allerdings ist die Keimung der Samen nun ausschließlich von den Wetterbedingungen abhängig, so dass zwangsläufig weniger Samenkörner auskeimen bzw. mehr Jungpflänzchen eingehen. Dennoch ist auch die Direktsaat eine bestens geeignete Methode, um freie Flächen im Beet rasch und preiswert zu »füllen«.

Für den Anfänger bietet der Fachhandel eine Reihe von vorbehandelten Samen an, die den Einstieg in diese Methode erleichtern. Entscheiden Sie sich am Anfang für verbreitete und bewährte Sorten (Qualitätssaatgut) und nicht gleich für eine wertvolle und vielleicht etwas heiklere Sorte.

 Samen: Angebotsformen

- **Einzelkörner:** häufigste Form, die Samen sollten allerdings in einer Keimschutzpackung liegen
- **pillierte Saat:** Samen, die von einer kugeligen Hülle mit Nährstoffen und Fungiziden umgeben sind
- **granulierte Saat:** mehrere kleine Samen in einer Hülle
- **Saatbänder und -vliese:** die Samen sind in einem festen Abstand auf Spezialpapier montiert
- **Sticks:** die Samen sind auf stäbchenförmigen Trägern angebracht

Saatrillen oder Reihensaat

Wer Gemüse oder Salate aussäen möchte, wird nicht um die Reihensaat herumkommen. Diese Methode erlaubt nicht nur ein besonders effektives Ausbringen der Samen, da die Pflänzchen in Reihen auskeimen, lässt sich das Unkraut in den Zwischenräumen mit Jätehacke oder kleinem Grubber (beinahe) mühelos entfernen.

Spannen Sie zunächst eine Schnur über die geglättete Beetfläche (siehe Seite 18/19), um die Saatreihe zu kennzeichnen. Ziehen Sie dann mit der Ecke eines Rechens, einem Pflanzholz oder einem Stil eine gerade Furche – wer viel sät, kann sich auch einen speziellen Furchenzieher anschaffen, mit dem mehrere Furchen auf einmal gezogen werden können. Streuen Sie jetzt die Samen gleichmäßig in die Rille, decken sie mit Erde ab und gießen vorsichtig an. Markieren Sie dann die Reihe mit einem Schildchen (Samentüte über einem Bambusstäbchen). Wenn Sie mehrere Reihen aussäen, sollten Sie mit dem Abdecken und Gießen so lange warten, bis die letzte Reihe fertig ist.

Sobald die ersten Sämlinge gut sichtbar sind, müssen sie vereinzelt werden, d. h., jedes der neuen Pflänzchen sollte genügend Platz haben, um sich frei entfalten zu können. Im Blumenbeet wandeln Sie die Reihensaat etwas ab: Da gerade Linien zu streng wirken, ziehen Sie die Saatrillen »aus freier Hand«, so dass die Blumen in Bögen auswachsen.

 Expertentipp

Beachten Sie auch bei der Aussaat im Freiland unbedingt die Hinweise auf den Samentüten.

So säen Sie große Samen aus

Größere Samen, pilliertes oder granuliertes Saatgut werden in der Regel zu mehreren ausgelegt. Im Fachjargon spricht man von Horst- oder Dibbelsaat. Drücken Sie dazu kleinere Löcher in die Erde und füllen Sie dahinein jeweils 3–5 Samenkörner. Markieren Sie die »Saathorste« unauffällig mit einem Stöckchen.
Ein typisches Anwendungsbeispiel ist die Aussaat von Bohnen, die man zu Füßen einer Bohnenstange in die Erde legt. Auch in einem Staudenbeet ist eine Horstsaat oftmals sehr sinnvoll und ästhetisch ansprechend: Wenn zwischen den Stauden eine Lücke entsteht, sät man Einjährige in einem Horst aus. Sobald die Sämlinge »aufgelaufen« sind, werden sie bis auf 2–3 ausgezupft. Schließlich wird sich eine der Pflanzen als stärkste etablieren – die anderen werden umgepflanzt oder entfernt.

Säen mit Schwung

Bei der Breitsaat werden die Samenkörner ohne Saatrillen oder Löcher möglichst gleichmäßig auf einer sauber geglätteten Fläche verteilt. Der Name geht auf die Sämethode der Bauern zurück, die früher das Korn im breiten Wurf aus einem Tuch über die Fläche verteilten.
Für Anfänger ist diese Saattechnik nicht ganz leicht, da eine möglichst gleichmäßige Verteilung der Samen kaum zu erreichen ist. Nachdem die Samen ausgeworfen wurden, werden sie mit dem Rechen vorsichtig in die Erde geharkt und festgedrückt.
Breitsaat ist die Methode der Wahl, wenn neuer Rasen ausgesät wird, eignet sich aber auch, um Gründüngerpflanzen auf einer größeren Fläche zu verteilen.

Ganz einfach: das Saatband

Auf einem Saatband wurden die Samen bereits vom Hersteller im richtigen Abstand befestigt, so dass man das Band nur noch in eine vorbereitete Rille legen muss. Vor allem Salate und Gemüse sind als Saatbänder erhältlich, es gibt aber auch Blumensaatbänder, die sich hauptsächlich für Wegeinfassungen, Zaunbegrünungen oder Rabatten sehr gut eignen, da die Pflanzabstände und die Blumenmischung schon vorgegeben sind. Saatband-Pflanzen brauchen weder ausgelichtet noch vereinzelt zu werden – sehr bequem!
Das Band wird nach dem Ausbringen vorsichtig glatt gezogen, abgedeckt und gegossen. Das Papier verrottet mit der Zeit im Boden.
Nach demselben Prinzip funktionieren auch Saatvliese oder Sticks.

So kommen Sie zu einem schönen Rasen

Verschiedene Rasen

Rasensamen wird immer als Mischung verschiedener Grasarten angeboten:

Gebrauchsrasen ist die übliche Mischung, belastbar und hübsch zugleich

Zierrasen wächst besonders dicht, reagiert aber empfindlich auf Belastung

Sport- und Spielrasen ist stärker belastbar

Schattenrasen enthält Arten, die auch bei Schwachlicht gedeihen

Es wird wohl nur sehr wenige Gärten geben, die gänzlich ohne eine Rasenfläche auskommen. Der Rasen ist Zierde und Hintergrund, stellt für viele Gartenbesitzer aber auch eine intensiv genutzte Fläche dar. Informieren Sie sich noch vor Anlage der Rasenfläche genau, welcher Rasentyp am besten für Sie und Ihre Bedürfnisse geeignet ist (siehe links).

Die Vorbereitung des Untergrundes für die Aussaat eines Rasens entspricht der Beetvorbereitung (siehe Seite 18/19). Damit der Rasen später leichter zu pflegen ist, müssen alle Steine und Unkrautwurzeln gründlich entfernt werden. Die beste Zeit für einen neuen Rasen sind Spätfrühling und Spätsommer. Dass man eine frisch gesäte Rasenfläche nicht betreten darf, dürfte wohl selbstverständlich sein, aber auch Roll- und Plattenrasen müssen eine Weile lang nach dem Ausbringen geschont werden. Erkundigen Sie sich beim Anbieter nach den Fristen.

Rollrasen – der schnelle Weg zu einer schönen Grünfläche

Inzwischen wird Rollrasen von vielen größeren Gärtnereibetrieben (Landschaftsgärtner) und Gartencentern angeboten. Im Unterschied zur Aussaat handelt es sich dabei um gesunde, bereits bewurzelte Graspflanzen, die innerhalb kürzester Zeit anwachsen. Rollrasen kann bereits nach einer oder zwei Wochen vorsichtig belastet werden.

Als Bodenvorbereitung reicht Glätten und Aufrauen aus. Gießen Sie in der Anfangsphase mehr als üblich. Das Wasser muss die oberste Grasschicht durchdringen und den Boden darunter gut durchfeuchten.

Sattes Grün, Platte für Platte

In den Randbereichen größerer Rasenflächen, um komplizierte Linienführungen an den Rasenkanten auszuführen oder wenn es um kleine Rasenstücke geht, sind Rasenplatten praktischer und preiswerter als Rollrasen (beide Formen können natürlich auch ergänzend nebeneinander verwendet werden). Sie werden nach derselben Vorbehandlung des Bodens ausgelegt und gegossen. Mit dem Betreten muss man allerdings etwas länger warten – die Wurzeln sollten zunächst gut eingewachsen sein, damit sich die Platten nicht mehr verschieben und die Ränder miteinander verwachsen.

1. Rasen aussäen: den Boden vorbereiten

Überprüfen Sie unbedingt mit Spannschnur und Wasserwaage, ob der Grund völlig eben ist; es dürfen keine Kuhlen entstehen, in denen sich Wasser ansammeln kann. Eine minimale Neigung ist dagegen durchaus empfehlenswert, weil starke Regengüsse leichter abfließen. Leihen Sie sich eine Walze aus und planieren Sie die vorgesehene Rasenfläche (ersatzweise mit großen Brettern, die Sie unter die Füße schnallen). Es kommt nicht darauf an, den Boden zu verdichten, er soll nur völlig glatt sein, damit später alle Grassamen gleich tief liegen.

2. Achten Sie auf eine gleichmäßige Aussaat

Rauen Sie nun die gewalzte Oberfläche mit einem Rechen ganz leicht auf, damit die Samenkörner nicht obenauf liegen bleiben, sondern in die feinen Rechenrillen fallen. Hier finden die Keimwürzelchen gleich guten Halt. Damit die Grasfläche gleichmäßig aufläuft, sollten Sie sich einen Säwagen (oder einen Düngerstreuer) ausleihen. Vermischen Sie den Grassamen mit feinem Quarzsand und füllen Sie die Mischung in den Wagen, den Sie dann zügig und gleichmäßig über die Fläche rollen.

3. Sanft, aber regelmäßig wässern

Wenn Sie den Samen verteilt haben, sollten Sie ihn ohne Druck mit dem Rechen noch etwas einharken. Zum Abschluss wird die gesamte Fläche nochmals mit der Walze oder mit Brettern unter den Füßen angedrückt. Achten Sie beim Gießen darauf, einen möglichst sanften Sprühstrahl zu verwenden, sonst schlämmen Sie die schön verteilten Samenkörner zu Horsten zusammen. Bis der erste grüne Flor erscheint, wird der Rasen regelmäßig, aber nicht zu viel gewässert. Es kommt vor allem darauf an, dass die Samenkörner nicht mehr austrocknen.

Zwiebel- und Knollenpflanzen einsetzen

🌱 Trickreiche Zwiebeln

Zwiebeln, die als Gruppe in einem Kunststoffkorb versenkt werden, lassen sich nach dem Rückzug der Blätter mitsamt dem Korb leichter entnehmen und lagern.

Vor allem Hyazinthenzwiebeln können durch Wärmebehandlung im Zimmer frühzeitig zur Blüte gebracht werden (spezielle Treibgläser gibt es im Fachhandel).

Unterschiedlich tief eingegrabene Zwiebeln treiben nacheinander aus und verlängern so das Blütenschauspiel – ideal für Kübel.

Bis auf wenige »Luxus-Sorten« sind Zwiebeln und Knollen preiswert erhältlich und machen weder Schwierigkeiten beim Pflanzen noch bei der Pflege. Zwiebelblumen und die meisten Knollenpflanzen sind recht anspruchslos in Bezug auf den Boden, obwohl sie sandige Böden lieben. Das Einzige, was sie auf keinen Fall vertragen, sind jedoch staunasse Böden oder solche, die im Sommer sehr feucht bleiben. In diesem Fall verfaulen sie, können eingehen oder zumindest im Folgejahr mit schwacher Blüte reagieren. Daher sollten Sie vor der Pflanzung Ihren Boden auf Nässe prüfen und ggf. unter der Schicht, in der die Zwiebeln zu liegen kommen, etwas Sand oder feinen Kies einarbeiten.

Die zweite Entscheidung, die Sie treffen müssen, betrifft die Frage der Lagerung: Zwiebeln, die im Beet bleiben, kommen zwangsläufig mit dem sommerlichen Gießwasser in Berührung und laufen damit Gefahr zu verfaulen. Werden die Zwiebeln nach dem Rückzug ihrer Blätter dagegen entnommen und kühl und dunkel im Keller gelagert, vermeiden Sie dieses Problem.

So setzen Sie Zwiebeln mit dem Pflanzholz ein

Wenn Sie die Fragen von Standort und Lagerung geklärt haben, können Sie mit dem Pflanzen beginnen. Alle Zwiebeln, die klein genug sind, werden mit einem Pflanzholz gesetzt. Dieses spitze Gerät bohrt ein kegelförmiges Loch in den Boden, in das jeweils eine Zwiebel gelegt wird. Achten Sie unbedingt darauf, die Zwiebeln mit den Wurzeln nach unten einzusetzen, und streben Sie eine möglichst natürliche Verteilung der Pflanzen an. Ein einfacher, aber wirkungsvoller Trick: Lassen Sie die Zwiebeln oder kleine Steine aus der Hand auf den Boden gleiten und bohren Sie das Pflanzloch, wo immer eine Zwiebel hinfällt. Schließen Sie die Löcher erst dann, wenn Sie alle Zwiebeln in einem bestimmten Bereich gesetzt haben – so vermeiden Sie Überschneidungen. Sparen Sie sich in den ersten Jahren Ihrer Gärtnerkarriere die Mühe, die

Zwiebeln regelmäßig aus dem Boden zu nehmen und wieder einzusetzen. Kaufen Sie zunächst lieber preiswerte, robuste Sorten (einfache Osterglocken und Tulpen, Schneeglöckchen und Krokusse) und lassen Sie der Natur ihren Lauf.

 Expertentipp

Markieren Sie den Standort der Zwiebeln und Knollen, die Sie im Herbst des Vorjahres einsetzen.

Arbeiten mit dem Zwiebelpflanzer

Größere Zwiebeln und Knollen werden besser mit einem speziellen Zwiebelpflanzer gesetzt, da das Pflanzholz zu kleine Löcher bohrt. Der Pflanzer wird in den Boden eingedreht, beim Hochheben bleibt die Erde in dem Metallring haften, so dass die Zwiebel oder Knolle in den Boden gesetzt werden kann. Durch leichtes Rütteln löst sich die Erde und Sie können das Pflanzloch wieder verschließen.

▶ *Expertentipp*

*Achten Sie beim Kauf eines Zwiebel-
pflanzers unbedingt auf einen glatten,
gut geformten Griff.*

Wann und wie werden Dahlien eingesetzt?

Dahlien sind wunderschöne Sommer- und Spätsommerblumen, die in zahlreichen Sorten angeboten werden. Die beste Pflanzzeit ist der Spätfrühling/Frühsommer, wenn keine Fröste mehr zu erwarten sind. Heben Sie mit der Pflanzschaufel ein Loch aus, das die länglichen Knollen aufnehmen kann: Es muss so tief sein, dass die Sprossansätze gerade noch herausschauen.
Da die empfindlichen Knollen die winterliche Kälte Mitteleuropas nicht vertragen, müssen sie im Spätherbst aus der Erde genommen und im Keller auf einer Sandkiste gelagert werden.

So kommen Sie zu einer bunten Frühlingswiese

Einfache, natürlich aussehende Zwiebelblumen verwandeln jeden Rasen in eine üppige Frühlingswiese. Die entsprechenden Zwiebeln werden entweder mit dem Pflanzholz oder in eine mit dem Spaten eingestochene Spalte direkt in den Rasen gesetzt. Drücken Sie die Grasnarbe anschließend fest. Die austreibenden Sprosse schieben sich im Frühling durch die Grasnarbe. Warten Sie mit dem Mähen, bis die Blätter der Zwiebel- und Knollenpflanzen verwelkt sind, weil sie erst dann genügend Nährstoffe für das nächste Jahr gespeichert haben.

Stauden richtig pflanzen

Was wäre ein Garten ohne die prachtvoll blühenden Stauden? Da sie Jahr
für Jahr neu austreiben, gehören die
Stauden zu den beherrschenden Zierelementen jedes Beetes – außerdem
hält sich der Aufwand für die Pflege in
einem vergleichsweise bescheidenen
Rahmen. Damit Sie möglichst lange in
den Genuss der jährlich wiederkehrenden Blüte kommen, lohnt es sich, die
Pflanzung sorgfältig zu planen.
Nutzen Sie die Gelegenheit, den Boden
in der Umgebung der eingepflanzten
Staude zu lockern und zu verbessern,
und kaufen Sie möglichst nur so viele
Stauden, wie Sie in einem Arbeitsgang
verarbeiten können.

Das benötigen Sie

- Handschaufel oder Spaten
- Handgrubber
- Eimer mit Wasser
- Gießkanne
- Humus

Diese Zeit brauchen Sie

5–10 Minuten je Pflanze

Der richtige Zeitpunkt

Containerpflanzen ganzjährig; die
beste Pflanzzeit ist aber im Frühling, an einem trüben Tag, ohne
starke Sonneneinstrahlung

1. Gezielt vorgehen

Wenn Sie ein Beet neu bepflanzen
wollen, sollten Sie nicht einfach darauf lospflanzen.
Stellen Sie die neuen Stauden samt
Containern zunächst auf der vorgesehenen Fläche auf und versuchen
Sie sich vorzustellen, wie sie später
wirken werden. Arrangieren Sie so
lange um, bis die Fläche optimal abgedeckt ist. Machen Sie aber nicht
den Fehler, die vorhandenen Pflanzen gleichmäßig zu verteilen: Es ist
besser, zunächst nur einen Teil des
Beetes – den aber perfekt – zu bepflanzen, als später die entstandenen
Lücken füllen zu müssen.
Markieren Sie die Pflanzstellen, heben Sie dann das Pflanzloch aus (etwa doppelt so breit und tief wie der
Ballen) und lockern Sie die Wände
des Pflanzloches etwas auf.

2. Richtig pflanzen

Damit die Wurzeln nicht austrock-
nen, sollten Sie die Stauden aus dem
Container nehmen und in einen
Eimer mit Wasser stellen. Wenn Sie
eine Staude zum Einpflanzen ent-
nehmen, kommt die nächste ins
Wasser – so wird jede Pflanze opti-
mal mit Wasser versorgt.
Prüfen Sie vor dem Einsetzen, ob die
Wurzeln locker sind, und reißen Sie
ggf. mit der Hand allzu verfilztes
Wurzelwerk vorsichtig auseinander.
Füllen Sie den Boden des Pflanzlo-
ches so weit mit Erde auf, bis die
Staude etwa so tief steht wie vorher
im Container.

► Expertentipp

Die Arbeit geht besonders zügig
voran, wenn jeweils 3–4 Stauden
im Eimer stehen.

3.   Staude mit Erde anfüllen

Füllen Sie nun um die Staude herum mit Erde auf. Halten Sie dazu die Staude mit einer Hand gut fest, damit sie gerade steht – noch können Sie ihre Stellung verändern.
Ein Wasserguss aus der Gießkanne sorgt dafür, dass die Erdteilchen zwischen die feinen Würzelchen geschwemmt werden. Die Erde sollte feucht, aber nicht nass sein. Geben Sie so lange Erde zu, bis das Pflanzloch um die Staude aufgefüllt ist und mit dem Beet bündig abschließt. Graben Sie bei kräftigen, hohen Stauden gleich einen Stützpfahl, an dem die Staude bei entsprechendem Wuchs angebunden werden kann, mit ein. Bei Systemstützen wird der Haltering später eingehängt und »wächst mit«.

4.   Fester Stand ist wichtig

Drücken Sie die Erde um die eingepflanzte Staude gut an. Am besten gelingt das mit den Knöcheln einer zur Faust geballten Hand. Die Erde muss so fest angedrückt sein, dass der Wurzelballen – und damit die Staude – gut hält, aber dennoch locker genug für die auswachsenden Feinwurzeln bleibt. Zwangsläufig werden Sie beim Andrücken die Erde etwas eintiefen, also gleichen Sie die Grübchen mit etwas zusätzlicher Erde aus, damit beim Gießen oder Regnen keine Wasserlöcher entstehen. Bei kleinen Stauden kann nun gegossen werden (siehe rechts), für größere Stauden mit entsprechend tieferen Pflanzlöchern bietet es sich an, einen kleinen Kratersee (Erdwall) zu formen.

5.   Gezielt angießen

Obwohl die Erde bereits feucht ist, muss die neu eingepflanzte Staude nochmals gegossen werden, denn das Gießwasser sickert durch die Erde in tiefere Schichten ab und wird von den Wurzeln dann nicht mehr erreicht. Gießen Sie ganz gezielt mit einer Gießkanne oder – sofern Sie viele Stauden eingepflanzt haben – mit einem Schlauch. Bis sich die Stauden nach einigen Tagen etabliert haben, werden sie regelmäßig gegossen. Kontrollieren Sie an heißen Tagen mehrmals täglich, damit die junge Staude keinesfalls austrocknet.

▶ *Expertentipp*

Benetzen Sie beim Gießen die Blätter möglichst nicht, sonst könnten sich Pilze ausbreiten.

Sträucher pflanzen – gar nicht so schwer

🌱 Rosen richtig pflanzen

Das Pflanzloch muss groß genug sein, um die Wurzel oder den Containerballen gut aufzunehmen.

Lockern Sie den Boden des Loches mindestens eine weitere Spatentiefe auf und arbeiten Sie Kompost ein; auch der Rand wird aufgelockert.

Achten Sie beim Einpflanzen darauf, dass die Veredelungsstelle (leichte Verdickung) etwa eine Handbreit unter der Erde liegt.

Sträucher bilden als Hecken, Solitäre, in Strauchbeeten oder Strauchgruppen das Rückgrat des Gartens. Sie sorgen mit Blättern, Blüten, Früchten oder ihrer Wuchsform für Abwechslung im Gartenjahr.

Damit Sträucher optimal gedeihen und ihre schöne Wuchsform entwickeln können, brauchen sie allerdings genügend Platz. Lassen Sie den Gehölzen auf jeden Fall ausreichend Raum zur freien Entfaltung und berücksichtigen Sie bereits beim Einkauf die Endgröße des gewünschten Strauches. Passt er auch dann noch problemlos in Ihren Garten? Erkundigen Sie sich beim Kauf unbedingt, ob und wie das Gehölz nach der Pflanzung beschnitten werden muss!

Gerade bei Sträuchern kommt es auf beste Qualität an. Kaufen Sie Ihre Sträucher daher vorrangig bei renommierten Gärtnereien oder in einer Baumschule, wo man sich um die Pflanzen kümmert. In vielen Baumärkten ist die preiswerte Containerware zwangsläufig nur »zwischengelagert«, bis sie zum Verbraucher und in den Garten kommt.

1. Gut gewässert ist halb gepflanzt

Stellen Sie den Wurzelballen des Gehölzes mindestens eine Stunde vor dem Auspflanzen in einen Eimer mit Wasser (Container vorher entfernen), damit sich die Wurzeln und die umgebende Erde voll saugen. Der Vorgang ist abgeschlossen, wenn keine Luftbläschen mehr aufsteigen.

 Expertentipp

Gehölze mit Ballen oder nackter Wurzel dürfen Sie ruhig in einer flachen Grube, die Wurzeln mit Erde bedeckt, wochenlang aufbewahren.

2. Wie groß muss das Pflanzloch sein?

So lange der Strauch wässert, können Sie das Pflanzloch ausheben. Es sollte doppelt so breit wie der Ballen sein und tief genug, um die gesamte Wurzel aufzunehmen. Lockern Sie auf jeden Fall den Boden und die Seitenwände des Loches mit einer Grabgabel auf, damit die Wurzeln später leichter in das gewachsene Erdreich eindringen können. Vermischen Sie den Aushub mit Kompost (kein Torf, außer bei Säureliebenden Sträuchern) und organischem Langzeitdünger (Hornspäne oder Hornmehl).

3. Sträucher einsetzen: zu zweit geht's leichter

Größere Sträucher pflanzt man am besten zu zweit: Einer
hält den Strauch in Position, der andere führt die »Erdar-
beiten« aus. Es ist wichtig, den Strauch genauso tief wie
in der Baumschule einzupflanzen (auf Verfärbungslinie
am Stamm achten), ggf. muss daher der Boden des
Pflanzloches mit der Erdmischung aufgefüllt werden.
Bei Gehölzen mit Ballen wird nun das Ballentuch geöffnet und gelockert, braucht aber nicht unbedingt vollständig entfernt werden. Oftmals sitzt eine Lage tiefer noch
ein Ballentuch, auch dieses muss geöffnet werden!

4. Sorgen Sie für einen guten Halt

Füllen Sie nun nach und nach die vorbereitete Erdmischung ein. Gießen Sie ab und zu mit der Gießkanne auf
die aufgefüllte Erde, damit sie sich setzt und die Erdteilchen die Wurzeln vollständig umhüllen. Der Helfer sollte
nach wie vor darauf achten, das Gehölz in Position zu
halten, damit es später gerade steht. Durch leichtes Rütteln kann er mithelfen, die Erde um die Wurzeln zu verteilen. Zum Abschluss wird die Erde zunächst mit der
Faust angedrückt und dann vorsichtig mit den Füßen
rundum festgetreten.

5. Auf ausreichend Feuchtigkeit achten

Formen Sie mit der restlichen Erde eine Art Kraterwall
um das Gehölz. Er dient dazu, jetzt und in der nahen Zu-
kunft das Gießwasser zu halten. In der ersten Woche wird
der neue Strauch viel, danach noch etwas häufiger als üblich gegossen, bis er angewachsen ist.
Zum Abschluss werden zierliche Sträucher mit einem
Pfahl an der Windseite gestützt und mit einem Baumband (kein Draht!) festgebunden; auch erforderliche
Schnittmaßnahmen werden jetzt durchgeführt.

Auch Bäume fangen klein an

Was für Sträucher gilt, gilt für Bäume umso mehr: Größe und Form eines Baumes prägen den Garten! Erkundigen Sie sich daher unbedingt nach der Endhöhe des »hübschen Bäumchens« im Container – es könnte glatt zu einem 20 m hohen Riesen auswachsen, der den gesamten Garten beschattet. Statt der klassischen Laubbäume sind häufig kleinkronige Obstbaumzüchtungen viel besser für einen kleinen Garten geeignet. Auf jeden Fall sollte sich der Baum in die Gestaltung des Gartens einfügen – prüfen Sie den vorgesehenen Standort mit einem Platzhalter und beobachten Sie den Tag über den Gang der Sonne, um den Schattenwurf festzulegen.

1. Vorbereiten zum Pflanzen

Prüfen Sie ein letztes Mal, ob der Standort Ihren Vorstellungen entspricht: Stellen Sie den Baum an die vorgesehene Stelle und betrachten Sie ihn von der Terrasse aus. Dann wird der Container entfernt und der Wurzelballen während der Grabarbeiten in einen Eimer mit Wasser gestellt. Das Pflanzloch sollte doppelt so breit wie der Ballen und so tief sein, dass es die gesamte Wurzel aufnehmen kann. Lockern Sie den Boden tiefgründig (etwa zwei Spatentiefen) und ebenso die Seitenwände des Pflanzloches.

 Expertentipp

Einen Baum pflanzt man am besten zu zweit: Einer hält ihn in Position, der andere setzt ihn ein.

2. Den Baum einsetzen

Vermischen Sie zuerst die ausgehobene Erde mit Kompost und einem organischen Langzeitdünger, wie Horn- oder Knochenspäne. Dann wird der Baum mit dem Ballen in das Loch gestellt. Da er in derselben Tiefe wie in der Baumschule wachsen sollte (nach Verfärbungen am Stamm suchen), muss der Boden ggf. mit dem vorbereiteten Erdgemisch aufgefüllt werden. Wenn die Höhe stimmt, wird das Sackleinen vom Ballen abgenommen (entfällt bei Containerbäumen). Benutzen Sie eine Schere oder ein Gartenmesser, um die Knoten zu lösen. Das Tuch muss nicht vollständig entfernt werden, die Wurzeln können das grobe Gewebe gut durchdringen.

 Das benötigen Sie

- Spaten für den Aushub
- Grabgabel zum Lockern des Bodens
- schwerer Hammer (Stützpfahl)
- Gießkanne oder Schlauch
- Gartenschere
- Kokosstrick oder Baumband
- Stützpfahl
- Humus
- Hornspäne

 Diese Zeit brauchen Sie

ca. 2 Stunden pro Baum

Der richtige Zeitpunkt

Ballenware: Spätherbst bis Vorfrühling

Containerbäume: ganzjährig

3. Eine Stütze muss sein!

Ein Stützpfosten, bei größeren Bäumen sogar mehrere, ist unbedingt erforderlich, um den jungen Baum festzuhalten. Sein Wurzelwerk ist noch nicht ausreichend entwickelt, um dem Winddruck standzuhalten. Schlagen Sie den Pfosten vorsichtig auf der dem Wind zugewandten Seite ein und kontrollieren Sie, ob er senkrecht steht. Erst danach wird er endgültig in den Boden geschlagen. Sie können den Baum nun schon vorläufig befestigen oder aber abwarten, bis die Erde eingefüllt, aufgefüllt und festgetreten ist.

▶ *Expertentipp*

Der Pfosten muss so lang sein, dass er etwa in Höhe der untersten Äste des gepflanzten Baumes endet.

4. Sorgen Sie für guten Stand

Benutzen Sie die gemischte Erde, um das Pflanzloch zu füllen. Zu Beginn können Sie die Position des Baumes noch verändern, daher lohnt sich etwas Geduld – wenn Sie Ihrem Augenmaß nicht vertrauen, benutzen Sie eine Wasserwaage.

Gießen Sie immer wieder Wasser aus einer Gießkanne zu, um die Erdteilchen zwischen die Wurzeln zu schlämmen, und rütteln Sie zur Unterstützung sanft am Baumstamm. Zum Abschluss wird die Erde zunächst mit der Faust, dann vorsichtig mit den Füßen festgetreten. Spätestens jetzt sollten Sie den Baum mit einem Kokosstrick oder einer speziellen Baumschleife am Stützpfahl fixieren. Binden Sie ihn aber nicht zu fest an, da sich seine Position noch geringfügig ändern kann.

5. Gießen Sie reichlich

Formen Sie einen Krater um die Baumscheibe, und lassen Sie aus dem Gartenschlauch reichlich Wasser einfließen. Wiederholen Sie diesen Vorgang so lange, bis das Wasser nicht mehr versickert.

Frisch gepflanzte Bäume werden in der ersten Woche reichlich, danach etwas weniger gegossen.

Etwa nach zwei Wochen sollten Sie die Befestigung am Stützpfosten überprüfen und ggf. nachziehen. Und noch ein Tipp: Obwohl Containerpflanzen grundsätzlich ganzjährig gepflanzt werden können, ist die beste Pflanzzeit für Laubbäume ein frostfreier Tag im Herbst oder Frühling. Immergrüne werden dagegen besser im Spätfrühling oder Frühherbst gepflanzt.

Giersch (*Aegopodium podagraria*)

Mehrjährige Pflanze, bis 90 cm hoch und breit; 5–10 cm lange, dreifach geteilte Blätter, wechselständig, umhüllen den Stängel mit einer auffallenden Scheide; kleine weiße Blüten in schirmartigen Dolden; auf nährstoffreichen Ton- und Lehmböden

Das können Sie tun:

Giersch hat ein verzweigtes, robustes Wurzelsystem und kann nicht einfach gejätet werden. Graben Sie die Wurzel vollständig mit der Grabgabel aus und entfernen Sie sofort jeden neuen Trieb.

Gemeine Quecke (*Agropyron repens*)

Mehrjähriges Gras, bis 60 cm hoch und breit; schmale, in Büscheln stehende, meist schlaffe Blätter; bräunlich-grüne Ähren von Sommer bis Herbst; völlig anspruchslos an den Boden, daher weit verbreitet

Das können Sie tun:

Dieses Gras hat ein weit reichendes Wurzelsystem. Da sich aus jedem Bruchstück eine neue Pflanze entwickeln kann, ist es fast unmöglich, den Quecken Herr zu werden. Am besten komplett ausgraben und bei jedem Anzeichen von Gras erneut graben.

Hirtentäschelkraut (*Capsella bursa-pastoris*)

Einjähriges Kraut, 25–35 cm hoch und breit; Blätter graugrün in einer grundständigen Rosette; kleine, vierzählige, unscheinbare Blüten; Früchte sehen wie kleine Herzchen aus; auf allen nährstoffreichen Böden

Das können Sie tun:

Hier kommt es darauf an, die Jungpflanzen zu jäten, noch bevor sie Samen bilden. Hebeln Sie ältere Pflanzen mit Handgrubber aus dem Boden. Pflanzen mit Samen gehören nicht (!) auf den Kompost.

Ackerwinde (*Convolvulus arvensis*)

Mehrjährige Pflanze, weit ausgebreitet über den Boden kriechend oder kletternd; Blätter wechselständig, pfeilförmig; Blüten auffallend weiß-rosa gestreift, trichterförmig, bis 25 mm lang; auf allen Böden

Das können Sie tun:

Sehr problematisches Unkraut, da die Wurzeln beim Jäten leicht zerreißen. Entfernen Sie alle Wurzelreste aus dem Boden und decken Sie bei neu geplanten Beeten die Erde mehrere Monate lang mit schwarzer Folie ab.

Unkraut erkennen und eindämmen

Einjähriges Rispengras (*Poa annua*)

Einjähriges Gras (Bestandteil von Rasenmischungen!), bis 30 cm hoch; schmale, hellgrüne Blätter; das ganze Jahr über grünliche bis braungelbe Blüten in Rispen

Das können Sie tun:

Ebenfalls problematisches Unkraut, das sich ständig neu aussät; man kann es nicht vernichten, sondern es nur durch Jäten eindämmen.

Kriechender Hahnenfuß (*Ranunculus repens*)

Mehrjährige Pflanze, 50 cm hoch, 30 cm breit; Blätter wechselständig, mit drei deutlichen Lappen; Blüten kräftig gelb; vor allem auf feuchten, schweren Böden

Das können Sie tun:

Der Kriechende Hahnenfuß vermehrt sich nicht nur über Samen, sondern auch über oberirdische Ausläufer, die sich an den Knoten bewurzeln; entfernen Sie also nicht nur die Mutterpflanze, sondern stechen Sie auch alle Tochterpflanzen ab.

Vogelmiere (*Stellaria media*)

Einjährige Pflanze, kriechend bis aufrecht, bis 35 cm hoch, 20 cm breit; Stängel mit einer Haarreihe; Blätter gegenständig, rundlich bis herzförmig; Blüten weiß, winzig, bis fast in den November hinein; wächst auf allen Böden

Das können Sie tun:

Dicht wuchernde Vogelmiere an der Basis abschneiden und verwelken lassen (wenn sie über Zierpflanzen wächst); sonst möglichst regelmäßig entfernen; lästig, aber nicht wirklich störend.

Löwenzahn (*Taraxacum officinale*)

Mehrjährige Staude; Blätter länglich, grob gezähnt; Blütenköpfchen buttergelb; fliegende Früchte (»Pusteblume«); die Pflanze enthält weißen, klebrigen Milchsaft; vor allem auf gemähten Rasenflächen

Das können Sie tun:

Wegen einer langen, tief reichenden Pfahlwurzel sehr widerspenstig; Wurzel mit einem alten Messer, Hohlmesser oder der Pflanzschaufel möglichst vollständig entfernen; Blüten vor der Aussaat abschneiden.

Etwas Pflege muss sein

Wenn die ersten Pflanzen ihren Platz gefunden haben, möchte man sich am liebsten zurücklehnen und genießen, was man geschaffen hat – Pflanzen wachsen doch von allein!

Leider geht es nicht ganz so einfach: Ohne angemessene Pflege wird ein Garten früher oder später in den Zustand der Wildnis zurückfallen. Der Boden will gepflegt, gegossen und gedüngt, Stauden müssen gestützt, Gehölze ausgelichtet werden, der Rasen braucht den Mäher, und die Schädlinge machen auch keine Pause.

Der vermutlich größte Hemmschuh, die erforderlichen Pflegemaßnahmen im Garten auszuführen, ist unsere scharfe Trennung zwischen Arbeit und Freizeit. Wir arbeiten, um das notwendige Geld zu verdienen, und sehnen uns nach der Freizeit, in der wir entspannt und nichts tuend im Garten sitzen. Garten-»Arbeit« scheint dem zu widersprechen – »schuften«? Ohne mich!

Verkehren Sie diese Einstellung einfach in ihr Gegenteil: Machen Sie die Arbeit in Ihrem Garten zu einem befriedigenden, entspannenden Bestandteil Ihrer Freizeit. Stellen Sie nicht den Aufwand in den Vordergrund, sondern betrachten Sie die Beschäftigung mit den Pflanzen als Freizeitvergnügen. Viele moderne Menschen benutzen regelmäßig Fitnessgeräte – warum nicht einmal die Grabgabel oder einen handbetriebenen Rasenmäher?

Es ist ein wunderbares Gefühl, nach einer halben Stunde Arbeit zurückzutreten und einen sauber beschnittenen Strauch zu betrachten. Er wird austreiben und Sie ein Jahr lang mit schöner Wuchsform, hübschen Blättern und prächtigen Blüten belohnen – erst jetzt kommt die Zeit für den Liegestuhl und das Genießen.

Auch die scheinbar mühevolle Arbeit des Unkrautjätens sollten Sie positiv sehen. Nehmen Sie sich nicht zu viel auf einmal vor, sondern fangen Sie in einer Ecke des Beetes an und arbeiten Sie sich langsam voran. Verbringen Sie diese Arbeitszeit gemeinsam mit Ihrem Partner. Mit jeder Minute kommen Sie ihrem Ziel – einem prachtvoll blühenden Beet – ein Stückchen näher. Wenn Sie solche Arbeiten immer wieder aufschieben oder gar unterlassen, ist der Ärger über ein verwildertes Beet groß und trübt empfindlich das Freizeitvergnügen.

In der Tat ist die regelmäßige und jeweils relativ kurze Arbeit im Garten viel wirkungsvoller als gärtnerische Gewaltakte alle vier Wochen, die dann ein ganzes Wochenende erfordern und gewöhnlich im Frust enden.

Was so alles an Gartenarbeit anfällt

Bei der Pflege seiner Gartenpflanzen kann man schwer oder leicht, kompliziert oder einfach vorgehen. Spontane Menschen werden an einem Samstagvormittag in den Garten gehen und die Arbeiten aufnehmen, die ihnen gerade ins Auge springen. Systematiker erarbeiten genaue Pläne und arbeiten diese Schritt für Schritt ab. Der Weg zu einem perfekt gepflegten Garten liegt wie immer irgendwo in der Mitte. Notwendige, regelmäßig anfallende Arbeiten erledigt man am besten nach Plan, während andere durchaus nach Belieben – und Laune! – in Angriff genommen werden können. Jeder führt einen beruflichen und/oder privaten Terminkalender, warum also nicht auch einen für den Garten, in dem die wichtigsten Termine vermerkt sind?

Einmal jährlich anfallende Gartenarbeiten

Planen Sie langfristig voraus, denn einmal jährlich anfallende Arbeiten brauchen stets eine gewisse Zeit.

Der »Gang durch den Garten«

Gehen Sie zur Hauptblütezeit einmal täglich mit der Schere durch den Garten und schneiden Sie Verblühtes ab. Das ist weit mehr als eine »kosmetische« Maßnahme, denn fast alle Pflanzen treiben aus Seitenknospen eine zweite Blütengeneration aus. Sehen Sie bei der Gelegenheit auch gleich nach kranken Blättern oder vorwitzigen Unkräutern.

Der »Gang durch den Garten« dauert vielleicht 10 Minuten, doch dieser minimale Aufwand zahlt sich in Form prächtiger und gesunder Pflanzen mehr als aus.

● Einmal pro Jahr muss der Komposthaufen umgesetzt und der Kompost auf die Beete verteilt werden. Nehmen Sie sich dafür im beginnenden Frühjahr einen Tag Zeit, dann sind die austreibenden Pflanzen für die Kompostgabe besonders dankbar.

● Auch das Beschneiden der Bäume und Sträucher erfordert Sorgfalt und damit einen gewissen Zeitaufwand. Es macht keinen Sinn, diese Arbeit zu lange aufzuschieben – spätestens zu Beginn der Wuchsperiode müssen Sie damit fertig sein. Warten Sie einen frostfreien, klaren Tag im Frühwinter oder Vorfrühling ab und nehmen Sie sich Ihre Gehölze nach und nach vor.

● Da Stauden nach der Blütezeit geteilt werden, fällt diese Arbeit in eine Zeit, in der man sich seltener im Garten aufhält. Nutzen Sie die Gelegenheit, sich noch einmal ausgiebig mit den Pflanzen zu beschäftigen. Die Stauden werden bis zum Winter erste neue Wurzeln bilden und damit im Frühling bessere Startchancen haben.

Mehrmals jährlich anfallende Gartenarbeiten

Zu den mehrmals im Jahr anfallenden Arbeiten, die möglichst regelmäßig ausgeführt werden sollten, gehören vor allem das Düngen und das Mulchen.

Düngen: Da fast alle Pflanzen spezielle Ansprüche an die Nährstoffversorgung stellen, finden Sie bei den Pflanzenporträts die entsprechenden Angaben zum Düngerbedarf. Legen Sie sich eine Checkliste an, in der Sie die Düngezeiten für die jeweiligen Pflanzen eintragen und abhaken können. Es gibt jedoch einige Faustregeln, die für alle Pflanzen gelten:

● Einmal pro Jahr (ideal ist der Frühling) sollten Sie den Boden mit einer langfristig wirkenden Gabe organischen Düngers (z. B. Hornspäne oder Knochenmehl) nach Angaben des Herstellers versorgen. Gesteinsmehl ist zwar kein Dünger im eigentlichen Sinn, verbessert aber die Bodenqualität – es wird ebenfalls im Frühling ausgestreut.

● Dicht bepflanzte Beete (Stauden-, Schnittblumen- oder Gemüsebeete) freuen sich über eine zweite Düngung kurz vor der Hauptwachstums-/Blüteperiode; hierzu nimmt man am besten mineralische oder organische Volldünger.

Mulchen: Mehrmals pro Jahr kann bzw. sollte auch die Mulchschicht auf den Beeten erneuert werden. Vor allem in größeren Gärten fällt oft mehr Rasenschnitt an, als Kompost oder Biotonne fassen können.

● Verteilen Sie den Rasenschnitt oder zerkleinerte Unkräuter dünn auf den Beeten. Sie geben einen guten Sommer-Mulch ab. Der Boden bleibt feucht, und heftige Gewitterregen treffen nicht direkt auf den Boden auf.

Die wichtigste Pflegemaßnahme während der warmen Jahreszeit ist das regelmäßige Gießen – mit Gießkanne, Gartenschlauch oder ausgeklügeltem Bewässerungssystem.

● Auch das herabgefallene Herbstlaub kann unter Sträuchern und Bäumen ausgebreitet werden.

● Im Handel angebotener, feiner Rindenmulch verrottet sehr langsam. Er gehört im Herbst in dünner Schicht, im Frühling im Gemisch mit Humus auf die Beete. Auch Beerensträucher und Hecken sind für eine im Herbst und Frühling aufgebrachte Rindenmulchschicht sehr dankbar.

● Wenn Sie einen großen Garten mit zahlreichen Bäumen und Sträuchern besitzen, fallen regelmäßig größere Mengen an Zweigen an. In solchen Fällen lohnt sich die Anschaffung eines Schredders, um Material für Mulch und Kompost herzustellen (Ausleihe ist oft möglich).

Häufiger anfallende Gartenarbeiten

Folgende Gartenarbeiten fallen je nach Witterung mehr oder weniger häufig an:

● Dass ein Zierrasen einmal wöchentlich gemäht werden sollte, dürfte jedem Garten-Neuling bereits im ersten Jahr klar werden.

● Genauso wichtig ist jedoch, vor allem im Frühling, das regelmäßige Jäten im Beet, damit sich die Unkräuter (siehe Seite 40/41) gar nicht erst etablieren können. Entfernen Sie das Unkraut möglichst schon vor der Blüte, damit es keine Chance zur weiteren Verbreitung über Samen hat. Je gründlicher Sie diese mühevolle Arbeit erledigen, desto weniger Aufwand bereitet später das sommerliche Jäten.

● Vergessen Sie das Gießen nicht. Mit der Gießkanne können Sie gezielt einzelne Pflanzen bewässern; vor allem bleiben die Blätter trocken, was die Gefahr von Blattpilzen merklich reduziert. Bei größeren Rasen- oder Beetflächen lohnt sich jedoch die Anschaffung eines Bewässerungssystems (Regner oder perforierter Schlauch). Damit reduziert sich der Zeitaufwand enorm: Regner aufstellen, Wasser anschließen, fertig. Die beste Zeit für den Wasserguss ist der frühe Morgen oder späte Abend – nie tagsüber oder gar bei Sonnenschein.

● Unkraut in den Plattenfugen von Wegen und Sitzplätzen wird spätestens dann zum Problem, wenn die Wurzeln die Platten anheben. Je früher Sie hier jätend eingreifen, desto weniger Aufwand entsteht.

● Justieren Sie ab und zu die Stützen der Stauden nach; Wind und Regen sind nicht zu unterschätzen.

Gießen und Düngen – leicht gemacht

 Düngerformen

Volldünger (»Blaukorn«) enthalten alle notwendigen Hauptnährstoffe für die Pflanzen.

Einzeldünger mit bestimmten Nährstoffen (Mineralien) werden von Fachleuten bei spezifischer Mangelernährung empfohlen.

Spezialdünger sind Volldünger für bestimmte Zwecke (Rasen-, Strauchdünger usw.).

Organische Langzeitdünger wie Hornspäne oder Knochenmehl geben ihre Nährstoffe sehr langsam an den Boden ab.

Wasser und mineralische Nährstoffe des Bodens sind neben Kohlendioxid und Sonnenenergie die einzigen Rohstoffe, die eine Pflanze benötigt. Während sich in der Natur stets genau jene Pflanzengesellschaft einstellt, die mit dem jeweiligen »Angebot« zurechtkommt, wählen wir unsere Gartenpflanzen selbstverständlich unter ästhetischen Gesichtspunkten aus. Daraus folgt – ebenso selbstverständlich – dass wir die fehlenden Rohstoffe nachliefern müssen.

Gießen und Düngen gehören daher zu den regelmäßig wiederkehrenden und wichtigen Aufgaben der Pflanzenpflege.

Um weder zu viel noch zu wenig zu düngen, vor allem jedoch, um den richtigen Zeitpunkt nicht zu verpassen, bietet sich ein Gartentagebuch oder ein eigener Gartenkalender an, in dem alle Termine eingetragen sind und abgehakt werden.

Hilfsmittel Nummer eins: die Gießkanne

Die gute alte Gießkanne ist noch immer ein unverzichtbares Hilfsmittel bei der Gartenarbeit. Man kann – ohne Tülle – mit hartem, direktem Strahl viel Wasser auf eine Baumscheibe gießen oder – mit feinster Tülle – sanft die zarten Pflänzchen eines Frühbeetes bewässern. Man kann die Gießkanne auch mit Flüssigdünger oder mit Pflanzenbrühe befüllen und gezielt eine Kopfdüngung im Staudenbeet vornehmen bzw. eine Gemüsereihe vorbeugend gegen Pilzbefall übergießen.

Große Flächen leicht bewässern

Wenn es gilt, größere Flächen zu bewässern, insbesondere den Rasen, entscheidet man sich am besten für einen Regner. Rechteck-Regner (Schwenkregner) bewässern eine etwa rechteckige Fläche, während die Kreis- oder Impulsregner je nach Einstellung Kreissegmente bis zum Vollkreis bewässern. In normalen Gärten ist man gewöhnlich mit Schwenkregnern bestens bedient, die man an einen Systemschlauch anschließen kann. Sie verteilen das Wasser besonders gleichmäßig und sanft.

Bewässern mit »System«

Im Zeitalter der Computer macht die Chip-Technologie auch vor dem Garten nicht Halt macht. Eine vollautomatische, computergesteuerte Bewässerungsanlage hat Vor- und Nachteile: Vorteilhaft ist ihre Verlässlichkeit; Nachteile sind neben dem Preis die immer noch formalen Abläufe (trotz Regensensor müssen Gießzeit und Wassermenge vorprogrammiert werden).

▶ *Expertentipp*

Kaufen Sie alle Teile Ihres Bewässerungssystems von derselben Firma, damit alles zusammenpasst.

Zwei in einem: Gießstäbe und Gießpistolen

Gießköpfe, die wie eine Pistole geformt sind oder einem langen Gießstab ansitzen, stellen einen interessanten Kompromiss zwischen Gartenschlauch und Gießkanne dar: Sie können zielgenau wie mit einer Gießkanne einzelne Pflanzen oder Kübel bewässern, brauchen aber andererseits nicht ständig die Kanne nachzufüllen. Besonders praktisch, allerdings etwas teurer, sind Gießstäbe, die zu einem Bewässerungssystem gehören oder die mit einer Düngepatrone versorgt werden können.

Auf die Menge kommt es an: richtig düngen

Bis auf größere Rasenflächen, die man mit einem Düngerwagen versorgt, werden die Beete per Hand mit Dünger versorgt. Zu viel Dünger ist genauso schädlich wie zu wenig Dünger, daher sollten Sie sich unbedingt an die Packungsangaben halten. Benutzen Sie Messbecher (z. B. Campingtassen aus Plastik, deren Inhalt Sie gemessen haben) oder eine alte Waage, um die korrekte Düngermenge zu bestimmen. Harken Sie alle Arten von Dünger stets vorsichtig in den Boden ein.

Ein schöner Rasen braucht Pflege!

Ein gepflegt aussehender Rasen ent-steht nur dann, wenn Sie ihm regelmä-ßig Zeit widmen: Er muss gemäht und gedüngt, sollte von wuchernden Un-kräutern und Moos befreit und einmal im Jahr gründlich vertikutiert werden. Zur Rasenpflege gehören aber auch die Behandlung von Problemzonen und die Kontrolle und Bearbeitung von Ra-senkanten. Das hört sich nach sehr viel Arbeitsaufwand an. Mit guter Planung lässt sich der allerdings durchaus redu-zieren: Wurzelbarrieren oder feste Ra-senkanten aus Steinen ersparen die Kantenpflege, ein gut drainierter Untergrund in Verbindung mit Belüf-tung senkt die Vermoosungsgefahr, und wenn sich Teile der Rasenfläche als »wilde Wiese« entfalten dürfen, nimmt auch die zu mähende Fläche ab.

 Das benötigen Sie

- ➤ Mäher mit verstellbarer Schnitt-höhe und Fangkorb
- ➤ Rechen zum Entfernen des Rasenschnitts
- ➤ Rasentrimmer
- ➤ Kantenschneider
- ➤ Vertikutierer (ggf. ausleihen)
- ➤ Spaten oder Kantenstecher

 Der richtige Zeitpunkt

Mähen: 1–2-mal pro Woche (Faustregel)

Problemzonen behandeln: nach Bedarf

Kantenstechen: im Frühling (im Sommer bei Bedarf)

Vertikutieren: Mai–September

Mähen: wann, wie und wie oft?

Die Gräser einer Rasenfläche müs-sen regelmäßig gemäht werden, da-mit sie sich optimal entwickeln kön-nen. Zierrasen (18–20 mm Höhe in Frühling und Herbst bzw. bei extre-mer Trockenheit, 12 mm im Som-mer) wird häufiger gemäht als ein regelmäßig betretener Gebrauchsra-sen (30 mm Höhe in Frühling und Herbst bzw. bei extremer Trocken-heit, 25 mm im Sommer).

Mähen Sie zunächst einen Rand-streifen frei und führen Sie den Mä-her anschließend Bahn für Bahn leicht überlappend über die Rasen-fläche.

Bei häufigem Mähen mit Fangkorb dürfen die wenigen Grasreste ruhig in der Fläche liegen bleiben. Wird seltener oder gar ohne Fangkorb ge-mäht, sollten Sie die Grasreste, die sicherlich in größeren Mengen vor-handen sind, besser abrechen.

Problemzonen mähen

Überall dort, wo der normale Rasen-mäher versagt, liegt eine Problemzo-ne vor: an Rasenkanten, die nicht mit dem Mäher überfahren werden können, entlang von gepflasterten Wegen, an Treppen oder vor Mau-ern, in Winkeln oder am Hang.

Sind diese Zonen überschaubar, reicht eine Handschere aus, leichter geht es aber mit einem elektrischen Rasenkantenschneider mit Akku. Müssen regelmäßig größere und für den Rasenmäher unzugängliche Flä-chen gemäht werden, sollten Sie sich für einen so genannten Rasentrim-mer entscheiden.

 Expertentipp

Besonders bequem sind Rasen-kantenschneider mit ansteckbarem, langem Handgriff.

Achten Sie auf saubere Kanten

Alle Kanten, die frei und ohne Barriere in ein Beet übergehen, sollten regelmäßig gepflegt werden. Neben dem ästhetischen Aspekt hat dies einen handfesten Hintergrund: Gräser breiten sich sehr wirkungsvoll in die Beetfläche aus und unterdrücken das Wachstum der Stauden. Durch Randsteine, über die man mit dem Mäher hinwegfahren kann, oder eine eingegrabene Wurzelbarriere aus Kunststoff bzw. Metall wird dieser Aufwand enorm reduziert. Andernfalls sollten Sie – möglichst im Frühling – mit einem scharfen Spaten die Rasenkanten glätten. Noch effektiver lässt sich diese Arbeit mit einem speziellen Kantenstecher ausführen.

Markieren Sie auf jeden Fall vor dem Abstechen die Grenzlinie mit einer Schnur bzw. bei gebogenen Kanten mit ausgestreutem Sand.

Auch Gras möchte atmen

Durch das Vertikutieren wird der Rasenfilz (abgestorbene Pflanzenteile, die zwischen Graswurzeln und -blättern liegen bleiben) zerschnitten: Das Wasser kann besser abfließen, der Boden wird stärker durchlüftet. Motorbetriebene Vertikutierer sind zwar recht teuer, werden aber von vielen Fachhändlern verliehen – sie sind auf großen Flächen durch nichts zu ersetzen! Hand-Vertikutierer arbeiten weniger effektiv und erfordern etwas Kraftaufwand.

Eine weitere Maßnahme zur Rasenbelüftung ist das Aerifizieren, bei dem der Boden über die Graswurzelschicht hinaus belüftet und der Wasserabzug verbessert wird. Das geht mit »Nagelbrettern«, die unter die Füße geschnallt werden, oder einer Grabgabel mit schmalen Zinken, die in kurzen Abständen in den Boden gestochen wird.

Letzte Rettung für den Rasen

Ob durch Pilzbefall, Vermoosung, Absenkung einer Fläche oder durch eine andere Ursache, selbst eine gepflegte Rasenfläche ist nicht vor Schäden gefeit.

Kleinere schadhafte Stellen lassen sich mit Rasenplatten, die Sie an einer schlecht einsehbaren Stelle in Ihrem Garten abstechen oder ausgraben, leicht ausbessern. Stechen Sie die schadhafte Stelle großzügig aus und entfernen Sie die Überreste der Wurzeln. Füllen Sie mit Erde auf, drücken Sie diese fest an und setzen Sie die Rasenplatte ein. Jetzt gut angießen und die Fläche feucht halten. Sind die Schäden großflächiger, ist es besser, neu auszusäen. Dazu verwendet man allerdings nicht den üblichen Grassamen, sondern spezielle Mischungen für Nachsaaten (Regenerationsrasen).

Stauden brauchen einen Halt

 Das benötigen Sie

- Bambusstäbe (Sortiment verschiedener Dicken)
- Gartenschnur oder Bindedraht
- Stecksysteme nach Wahl
- Einzelstäbe mit verschiebbaren Ringen

 Diese Zeit brauchen Sie

1–2 Minuten pro Staude

 Der richtige Zeitpunkt

etwa ab Kniehöhe (verschiebbare Ringe so früh wie möglich)

Einige unserer wertvollen Zuchtstauden sind nicht mehr standfest genug, um aus eigener Kraft aufrecht stehen zu bleiben – zumindest halten sie heftigen Winden oder Sommergewittern nicht Stand. Hier sollten Sie mit stützenden Maßnahmen für einen festen Stand sorgen, um Enttäuschungen vorzubeugen.

Mit einem Stecksystem können Sie entweder Einzelpflanzen, die in breiten, wuchtigen Horsten wachsen (z. B. Goldrute) oder dicht stehende Gruppen gleichartiger Pflanzen (z. B. hohe Glockenblumen, Phlox) stützen. Einzelstützen bieten sich für schmale, aufrecht wachsende Pflanzen wie Gladiolen oder Sonnenblumen an. Pflanzenstützen lassen sich in zwei Kategorien einteilen: Unauffällige Modelle versuchen, vollständig hinter die Pflanzen zurückzutreten, während Schmuckstützen einen eigenen dekorativen Zauber entfalten.

Mit »System« stützen

Das Prinzip der Stecksysteme basiert auf der Austauschbarkeit senkrechter Stützen und waagerechter Streben. Je nach Anbieter werden die Streben über Ringe oder Haken an den Stützen befestigt. Für welches System Sie sich entscheiden, ist letztlich eine Frage des Angebots, des Geldbeutels und des persönlichen Geschmacks. Achten Sie jedoch auf jeden Fall auf stabile Verarbeitung und prüfen Sie, ob die Befestigungen für die Streben in der Höhe verstellbar sind. In der Höhe verschiebbare Systeme bieten den Vorteil, dass sie recht früh eingesteckt werden und mit den Pflanzen »mitwachsen« können.

Wird die Form der Streben Ihren Anforderungen gerecht (gerade und gebogene, kurze und lange Streben)? Ordnen sich Farbe und Ausführung der Stützen den Pflanzen unter oder erscheinen sie wie Fremdkörper? Eine preiswerte Alternative bieten selbst gebaute Pflanzengitter aus senk-

rechten und waagerechten Bambusstäben: Stecken Sie um die zu stützenden Stauden zunächst etwa fingerdicke Bambusstäbe so in den Boden, dass Quadrate von etwa 50–60 cm Seitenlänge entstehen. Daran werden nun mit Bindedraht waage-

rechte, dünnere Bambusstäbe in unterschiedlichen Höhen angebunden. Die wachsenden Pflanzen schieben sich dann von unten durch das Gitter und finden damit sehr guten Halt. Vielleicht müssen Sie hin und wieder noch ordnend eingreifen.

Preiswert und äußerst hilfreich: Bambusstäbe

Nicht ohne Grund waren und sind Bambusstäbe die perfekten Hilfsmittel im Garten. Ein guter Gärtner sollte stets einen ausreichenden Vorrat davon griffbereit haben. Sie sind preiswert, man bekommt sie in allen möglichen Stärken, und sie lassen sich mit einer einfachen Säge auf alle gewünschten Längen bringen – zudem passen sie in ihrer Natürlichkeit gut zu den Pflanzen.
Alle schmalen und hohen Stauden (z. B. Königskerzen, Rittersporn) kann man gut mit Bambusstäben stützen. Binden Sie die Pflanze mit Gartenschnur oder einer lockeren Schlinge aus Bindedraht an den Stab.

Einzelstäbe mit verschiebbaren Ringen

Dieses System hat in vielen Gärten den klassischen Bambusstab ersetzt, weil es unbestreitbare Vorteile besitzt: Die Stäbe sind in verschiedenen Höhen erhältlich, die Befestigung für die einhängbaren Stützringe ist in der Höhe verschiebbar, so dass man sie der wachsenden Staude anpassen kann. Schließlich werden die frei austauschbaren Stützringe in mehreren Durchmessern angeboten, d. h., man kann sie jeder Pflanzensituation anpassen.

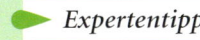

Expertentipp

Sonderangebote laufen schnell aus!
Legen Sie sich gleich einen Vorrat an,
oft gibt es später kein Zubehör mehr.

Nicht nur Stütze, sondern auch Zierde

Der Handel bietet eine Vielzahl von Pflanzenstützen an, die zusätzlich als Zierelement dienen. Dabei reicht die Spanne von einfachen Säulen oder Pyramiden bis hin zu solchen Rosenstäben mit Kugelschmuck (Bild). Da die Wirkung eines Beetes vom Zusammenspiel seiner Bestandteile abhängt, ist es durchaus lohnend, etwas mehr für eine Pflanzenstütze auszugeben. Sie übernimmt die wichtige Aufgabe eines Blickpunktes und sorgt sogar im Winter noch für Spannung. Allerdings sollte sie in Stil und Größe der Bepflanzung angepasst sein.

Bäume und Sträucher richtig stützen

Das benötigen Sie

- Holzpfosten (Durchmesser mindestens 6–8 cm)
- schwerer Hammer
- alter Gartenschlauch, kräftiger Draht als Manschette
- Kokosschnur, Baumband oder -schlinge, starker Draht

Diese Zeit brauchen Sie

zwischen 10 Minuten (Einzelpfahl) und 30–40 Minuten (Dreieckstützen)

Der richtige Zeitpunkt

während der Pflanzung

Obwohl uns Sträucher und vor allen Bäume häufig als Inbegriff von Gesundheit und Stabilität erscheinen, sind sie in ihrer Jugend im Verhältnis zur Größe recht fragil. Das liegt daran, dass die Wurzeln frisch gepflanzter Gehölze noch längst nicht die Ausdehnung erreicht haben, um Stamm bzw. Stämme und Krone zu stützen. Bei starken Winden kann die Hebelwirkung des Gehölzes so groß werden, dass die feinen, jungen Wurzeln zerreißen – mangelnde Wasser- und Nährstoffversorgung wären die Folge. Daher brauchen alle Bäume und große Sträucher in der Zeit vom Einpflanzen bis zum kräftigen Anwachsen (etwa 1 Jahr) unbedingt eine kräftige Stütze. Wie diese aussieht, hängt ganz von der Größe und Wuchsform des Gehölzes ab. Kontrollieren Sie alle paar Wochen den Sitz der Halteseile und Schlaufen. Stützen und Verbindungen sollten intakt und straff sein; Schlingen dürfen keinesfalls das Dickenwachstum einengen.

Wann reicht ein einziger Pfahl als Stütze?

Kleine bis mittelgroße Bäume (Faustregel: Stammdicke etwa Kinderarmdicke, Höhe bis 2 m) kommen in der Regel mit einem einzigen Pfahl aus. Da er bereits bei der Pflanzung tief eingeschlagen wurde (siehe Seite 39), ist er stabil genug, um den Baum zu halten. Die Wurzeln wachsen einfach um ihn herum und nehmen auch keinen Schaden, wenn er später entfernt wird.

Dreieckstütze für größere Bäume

Größere oder starken Winden ausgesetzte Bäume sollten mit drei stabilen Pfählen gestützt werden, die man im selben Abstand zum Baumstamm einschlägt. Am einfachsten geht das mit einem Schnurzirkel:
Wickeln Sie eine lockere Schlinge um den Baumstamm und ziehen Sie damit im Abstand von 40–60 cm einen Kreis um den Stamm. Dritteln Sie die Kreisfläche und schlagen Sie dann jeweils einen Pfahl ein. Legen Sie dann eine Manschette (z. B. kräftiger, durch einen Gartenschlauch gezogener Draht) um den Stamm, und spannen Sie von dort Drähte oder Stricke zu den Pfosten.

Koniferen brauchen eine etwas andere Stütze

Ein in Stammnähe eingeschlagener Stützpfahl würde die eng stehenden Zweige und den Ballen eines Nadelbaumes beschädigen und seine weitere Entwicklung behindern. Daher verwendet man bei Koniferen eine schräge Stütze. Sie wird so angeordnet, dass der Winddruck durch die Schräge aufgefangen wird, d. h., die Spitze des Pfostens weist in die Hauptwindrichtung. Schlagen Sie den Pfosten in einem Winkel von etwa 45° in den Boden; er sollte nahe am Stamm vorbeiführen. Befestigen Sie den Baumstamm locker mit einem Baumband oder Kokosstrick.

Weniger auffällig: Spannschnüre

Wem die Dreieckstützen aus Pfählen zu auffällig erscheinen, kann sich auch für Spannschnüre entscheiden. Verwenden Sie wieder den Schnurzirkel, und ziehen Sie im Abstand von 60–100 cm einen Kreis um den Baumstamm. Schlagen Sie auf dem Kreis in Dreiecksanordnung drei kurze, schräge Pflöcke in den Boden. An einer Gummimanschette um den Baumstamm werden starke Doppeldrähte befestigt und mit den Pflöcken verbunden. Spannen Sie die Drähte gleichmäßig mit einem Holzknebel (statt Drähten lassen sich auch Seile verwenden).

Die richtige Baumschlinge

Die Verbindung zwischen Stütze und Baumstamm muss stabil sein, darf aber den Baum nicht einschnüren. Baumschlingen aus Kunststoff werden mit einer Schlaufe erweitert oder verengt. Das so genannte Baumband ist ein breites Gewebeband, das mehrfach um den Stamm gelegt und dann in einer Acht bis zum Stützpfahl geführt und angebunden wird (dieselbe Technik wendet man mit einem Kokosstrick an). Bei allen übrigen Materialien empfiehlt es sich, zunächst eine schützende Manschette um den Stamm zu legen.

Rosen wollen gut gepflegt sein

Es wäre vermessen zu behaupten, dass man Rosen mit minimalem Aufwand pflegen kann, daher sollten Sie sich vor dem Kauf unbedingt von einem Fachmann beraten lassen. Mit der Entscheidung für eine so genannte geprüfte ADR-Rose darf man zumindest sicher sein, eine relativ robuste und krankheitsresistente Sorte zu erwerben. Die Rosenpflege beginnt mit dem Düngen im Frühjahr, geht weiter mit dem Schnitt und Auslichten, setzt sich über das Entfernen von Verblühtem und die Behandlung von Krankheiten bis zum Aufhäufeln von Mulch im Spätherbst fort. Andererseits entschädigen uns die Rosen mit herrlichen Blüten und (meist) mit wundervollem Duft – Rosen können zur Passion werden!

Das benötigen Sie

- Astschere (ausschließlich für Rosen)
- Rosenvolldünger
- Kaliumdünger
- Mulch

Der richtige Zeitpunkt

Schnitt: im Vorfrühling
Düngen: im Frühling, Sommer und Herbst

Allgemeine Regeln zum Rosenschnitt

Rosen schneiden ist nicht ganz einfach. Sie sollten daher, wo immer das möglich ist, an einem praktischen Seminar zum Rosenschnitt teilnehmen oder sich zumindest einiges von einem erfahrenen Bekannten zeigen lassen.

Obwohl es je nach Rosengruppe Unterschiede beim Schnitt gibt, kann man zumindest einige allgemeine Regeln aufstellen:

- Verwenden Sie immer nur scharfe und saubere Astscheren.
- Führen Sie die Schnitte maximal 1 cm über einem Auge (im Winkel der Blattstiele) leicht schräg vom Auge weg, ohne es zu schädigen.
- Wenn sich keine Hagebutten bilden sollen, schneidet man Verblühtes bis zum nächsten, voll ausgebildeten Blatt zurück (schräg schneiden).

- Im Frühjahr müssen dann erfrorene Zweige vollständig bis ins lebende Holz abgeschnitten werden.
- Bei Strauchrosen kommt es vor allem darauf an, eine lockere Wuchsform aus einigen Haupttrieben zu erreichen, von denen die Blüten tragenden Seitenzweige austreiben. Schneiden Sie die jeweils sehr alten Triebe vorsichtig, tief unten ab. Bei öfter blühenden Sorten werden außerdem die Haupttriebe etwas, die Seitentriebe stärker zurückgeschnitten. Wenn Sie fertig sind, sollte Ihre Rose keine quer wachsenden Triebe mehr haben und die übrigen Triebe fächerartig locker auseinander streben.
- Beetrosen werden im Frühling stärker zurückgeschnitten: Kräftige Triebe sollten noch 4–6 Augen, dünnere Triebe noch 3–4 Augen haben.

Wann und wie düngen?

Wenn Rosen in einem humus- und nährstoffreichen Boden wachsen, brauchen Sie nur 2–3-mal im Jahr düngen: Im Frühling (März/April) sollten Sie einen Volldünger in den Boden einarbeiten. Sie können einen mineralischen oder organischen Dünger verwenden, er muss nur Chloridfrei sein. Denselben Dünger, allerdings in geringerer Menge, gibt man kurz vor (organische Produkte) oder zum Ende (mineralische Produkte) der Hauptblütezeit. Bekommen die Rosen im September noch einen Kaliumdünger, reift das Holz besser aus und wird frosthärter.

▶ *Expertentipp*

Spezielle Rosendünger enthalten bereits alle Nährstoffe in der richtigen Zusammensetzung.

Was tun mit Wildtrieben?

Die meisten Rosen sind keine Wildarten mehr, sondern werden von den Zuchtbetrieben »veredelt«. Dabei pfropft man ein so genanntes Edelreis (es bildet die erwünschten Blüten aus) auf den Wurzelstock einer robusten Wildart. Diese Veredelungsstelle erkennen Sie beim Einpflanzen als leichte Schwellung im unteren Bereich des Rosenstocks. Vielfach treiben aus der Unterlage unterhalb der Veredelungsstelle Wurzelschösslinge (»Wildtriebe«) aus. Diese sind meist deutlich wüchsiger als die aufgepfropfte Sorte, verbrauchen entsprechend viele Nährstoffe und sollten daher rasch entfernt werden. Schaben Sie dazu vorsichtig die Erde um den Wildtrieb weg und schneiden Sie ihn möglichst tief ab.

Der richtige Winterschutz

Viele unserer Gartenrosen sind frostgefährdet und sollten daher im Spätherbst einen – je nach Lage – mehr oder weniger starken Winterschutz bekommen.
Der einfachste Weg ist das Mulchen: Rosenbeete profitieren ohnehin von einer leichten Mulchabdeckung, daher braucht man diese im Spätherbst nur etwas zu »verdicken«: Häufeln Sie Mulch etwa 15–20 cm hoch über den unteren Bereich des Rosenstrauches, um die Veredelungsstelle und Wurzel vor Frost zu schützen.
Mehr Schutz bieten Stroh und eine locker darüber gelegte Abdeckung aus Fichtenreisig.
Im Frühling, wenn sich die Erde wieder erwärmt, wird der Mulch beiseite geschoben und gleichmäßig über dem Beet verteilt.

Kletterpflanzen stützen und befestigen

Kletterpflanzen sind ein unverzichtbarer Bestandteil des Gartens. Sie bringen Grün und Blüten in die dritte Dimension, dienen als Blickfänge und als Sichtschutz – und nehmen dennoch kaum Platz weg, da ihnen die Stämme und weit ausgebreiteten Zweige von Bäumen und Sträuchern fehlen. Daher sind Kletterpflanzen in kleineren Gärten ein vollgültiger Ersatz für einen Zierbaum oder einen großen Strauch. Die »Unterstützung«, die Kletterpflanzen zum Emporwachsen brauchen, sollte man nicht als Nachteil ansehen, sondern – ganz im Gegenteil – als gestalterisches Element in die Gartenplanung einbeziehen.

🌱 Jeder »klettert« anders

Spreizklimmer (Rosen, Winterjasmin) verhaken sich mit Stacheln oder anderen Organen. Sie benötigen waagerechte Drähte oder Stangen als Kletterhilfe.

Wurzelkletterer (Efeu, Kletterhortensie) haften sich mit Saugwurzeln direkt an der Unterlage fest.

Schlingpflanzen (Knöterich, Glyzine) umwinden senkrechte und waagerechte, stabile Stützen.

Blattstielranker (Waldrebe) halten sich mit Ranken an ihrer Unterlage fest. Sie brauchen ein gitterartiges Spalier aus dünnen Stäben.

Sprossranker (Wein, Wilder Wein) haben zu Ranken umgewandelte Seitentriebe. Sie bevorzugen senkrechte Kletterhilfen.

Das frei stehende Zierspalier – eine blühende Unterteilung

Gartencenter oder Baumärkte bieten die unterschiedlichsten Formen von frei stehenden Zierspalieren an. Manche werden sogar mit integriertem Pflanzkübel angeboten. Selbstverständlich kann sich ein geschickter Heimwerker ein frei stehendes Zierspalier auch in Eigenarbeit herstellen.

Bei der Bepflanzung müssen Sie nicht zwangsläufig nach einer der gängigen mehrjährigen Kletterpflanzen (Rosen, Waldrebe, Geißblatt) suchen. Im Samenregal finden Sie auch viele kletternde Einjährige (hier eine Schwarzäugige Susanne an einfachen Spanndrähten). Diese Pflanzen sind zum einen preiswerter, zum andern können Sie sich Jahr für Jahr an einem neuen Blütenschmuck erfreuen.

Rankgerüste – grüne und blühende Sichtschutzwände

Rankgerüste benutzt man meist als Sichtschutzwand. Im Unterschied zu den Zierspalieren tritt bei ihnen die Form hinter der Funktion zurück, da die Gerüste früher oder später vollständig von den Kletterpflanzen verdeckt werden. Bei dieser Prunkwinde, die sich am Bambusgerüst emporwindet, wird dies allerdings noch etwas dauern.

● Holzspaliere brauchen einen Schutzanstrich oder eine Imprägnierung, damit sie auch bei Regenwetter nicht verfaulen.

● Metallspaliere sollten verzinkt oder mit einem unauffällig gefärbten Kunststoffmantel versehen sein, der sie vor dem Durchrosten schützt.

● Spaliere aus Kunststoff müssen stabil genug ausgeführt sein, um das oftmals nicht unerhebliche Gewicht der Kletterpflanze zu tragen.

Der frei stehende Kletterbogen – ein schöner Blickfang

Von Pflanzen überwucherte Bögen sind seit Jahrhunderten geschätzte Gestaltungselemente im Garten. Ihr Stil reicht von rustikal bis zierlich-edel, ihr Bewuchs kann so üppig werden, dass er die Stütze beinahe zu erdrücken scheint, oder die Streben so vorsichtig umhüllen, dass sie markant in Erscheinung treten. Ein Einzelbogen bildet einen starken Blickpunkt und sollte durch entsprechenden Pflanzenbewuchs (Kletterrose) betont werden. Zwei hintereinander stehende Bögen oder ein ganzer Bogengang bilden dagegen eine Achse – sie lenken den Blick entweder in die Ferne (Aussicht in die Landschaft) oder auf einen Blickpunkt im Garten.

Das Mauerspalier – Schutz für die Fassade

Mauerspaliere treten völlig hinter den Pflanzen (hier eine Clematis) zurück, die sie unterstützen. Kleinere Spaliere von einigen Quadratmetern Größe können Sie auch selbst bauen: Zur Befestigung des Spaliers müssen Sie zunächst stabile Dübel in die Mauer setzen, in die Sie dann rostfreie Metallschrauben oder Schraubhaken mit Abstandhaltern (Holzklötzchen oder Metallhülsen) einschrauben. Das Spalier sollte 6–10 cm Abstand von der Mauer haben. Als Faustregel für die Schraubdichte gilt etwa 40/50 x 40/50 cm.

> **Expertentipp**
>
> *Hängen Sie kleinere Spaliere an Wandhaken auf, so können Sie die Wand kontrollieren und bei Bedarf sogar streichen.*

Kleine Klettergerüste für die dritte Dimension

Klettergerüste im Beet oder auf einer Terrasse bieten die wundervolle Möglichkeit, Blüten in die dritte Dimension zu erheben und damit zauberhafte Blickpunkte von ganz eigenem Reiz zu schaffen.
Ob Sie dafür ein einfaches Stangen-Wigwam aus Bambusrohren selbst basteln oder eine Wicke an einem kunstvollen Ziergerüst emporranken lassen (siehe Bild), ist nur eine Frage des Stils. In einem locker gestalteten Bauerngarten oder Cottage-Garden sehen sogar Bohnenstangen mit kletternden Feuerbohnen hübsch aus. Voraussetzung für ein gelungenes, freies Klettergerüst ist natürlich, dass die Stütze das Gewicht der Pflanze tragen kann (großzügig dimensionieren).

So können Sie mehr Blütenpracht fördern

Ob und wie viele Blüten eine Pflanze ausbildet, ist einerseits von der genetischen Disposition und der Versorgung mit Nährstoffen, andererseits aber auch von bestimmten Pflegemaßnahmen abhängig. Dabei sind einfache Maßnahmen häufig besonders effektiv. Wer seinen Garten während der Hauptblütezeit regelmäßig betrachtet und kontrolliert, kann die Dauer der Blühperiode durch kleine Handgriffe beträchtlich ausdehnen.

Die wichtigste Voraussetzung für ein blütenreiches Beet sind jedoch kräftige, gesunde Pflanzen. Da viele Stauden nur eine begrenzte Lebensdauer haben, sollten sie regelmäßig geteilt und ab und zu ein neues Exemplar eingepflanzt werden – so ist eine reiche Blüte beinahe garantiert.

So kommen Sie zu buschigen und blütenreichen Pflanzen

Pflanzen wachsen mit einem oder mehreren Haupttrieben (Leittriebe) in die Höhe. Fällt der Leittrieb aus – z. B. durch Verletzung oder Tierfraß –, gäbe es weder Blüten noch Samen. Also bildet die Pflanze Seitentriebe, die die Blütenbildung übernehmen – dieses Phänomen können Sie nutzen:
Wenn Sie den Leittrieb einer Jungpflanze mit einer feinen Schere oder mit dem Daumennagel entfernen, geschieht das Gleiche: Nelken, Pelargonien und viele andere Sommerblumen wachsen durch das Entspitzen buschiger und setzen dadurch auch mehr Blüten an.

Schneiden Sie Verblühtes regelmäßig ab

In vielen Fällen, insbesondere bei Prachtstauden wie Rittersporn, Glockenblumen und zahlreichen Einjährigen, laufen ähnliche Prozesse ab, wenn die welkende Blüte entfernt wird, noch ehe die Samenbildung einsetzt. Gewissermaßen als Sicherungsmaßnahme bilden solche Pflanzen einen zweiten Flor – bei manchen Einjährigen binnen einiger Wochen. Um den richtigen Zeitpunkt nicht zu verpassen, sollten Sie jeden Abend mit einer Blumenschere in der Hand durch den Garten streifen und Verblühtes sofort entfernen.

So können Sie die Gehölzblüte fördern

Bei einigen blühenden Gehölzen, z. B. dem Schmetterlingsstrauch (*Buddleja*) oder den Rosen, ist es möglich, eine zweite Blüte anzuregen, da bei diesen Blütengehölzen die Knospen für die zweite Blütengeneration bereits in den Blattachseln angelegt sind. Schneiden Sie daher die Blütenstände, sobald sie zu welken beginnen, bis zum nächsten Laubblatt zurück.

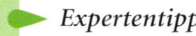 *Expertentipp*

Fragen Sie schon beim Kauf Ihrer Gehölze nach dem Blühverhalten der entsprechenden Art bzw. Sorte.

Drehen Sie welke Rhododendrenblüten gleich aus

Rhododendren und Azaleen bilden zwar keine Nachblüte aus, unterhalb jedes Blütenstandes entstehen aber zahlreiche neue Seitentriebe, die sich besser entwickeln, wenn die welken Blüten möglichst unmittelbar nach dem Verblühen entfernt werden.
Drehen Sie dazu den gesamten verblühten Blütenstand mit einer knickenden Bewegung ab (Handschuhe tragen!). Auf diese Weise behält der Strauch seine regelmäßig kuppelförmige Wuchsform und treibt auch im Folgejahr zahlreiche neue Blütenstände aus.

Düngen Sie nochmals in der Hauptblütezeit

Bei der so genannten »Kopfdüngung« handelt es sich nicht etwa um einen Düngerguss »über den Kopf« der Pflanze, sondern es geht darum, ihr zur Zeit der Hauptblüte nochmals einen Schub frischer Nährstoffe zuzuführen. Im Unterschied zur Grunddüngung im Frühling, die möglichst mit organischem Langzeitdünger durchgeführt wird, benutzt man zur Kopfdüngung mineralische Dünger, die in Wasser gelöst und mit einer Gießkanne direkt um den Stängel herum ausgebracht werden.

Bäume und Sträucher richtig schneiden

Obwohl für die einzelnen Gehölzgruppen unterschiedliche Schnittregeln gelten, ist das Ziel immer gleich:
Das Gehölz sollte sich in seiner natürlichen Größe und Wuchsform entwickeln dürfen und möglichst üppig blühen und fruchten.
Erkundigen Sie sich beim Kauf eines Gehölzes nach Folgendem:
● *Werden Blüten am Holz des letzten Jahres gebildet? Nicht dass Sie beim Schnitt die Blütenknospen entfernen.*
● *Verjüngt sich ein Strauch von der Basis her? Wenn ja, dürfen Sie auch kräftige Triebe abschneiden.*
● *Verträgt das Gehölz scharfen Rückschnitt oder sollten nur erfrorene und störende Triebe entfernt werden?*

 Das benötigen Sie

➤ Baumsäge, Gartenmesser, Astschere mit langen Griffen, Amboss-Schere, zweischneidige Schere, Heckenschere
➤ Wundverschlussmittel

 Diese Zeit brauchen Sie

Ast absägen: ca. 30 Minuten
Strauch beschneiden: je nach Größe bis 1 Stunde
Hecke schneiden: ca. 20 Minuten je Heckenmeter

Der richtige Zeitpunkt

Spätherbst bis Vorfrühling an einem frostfreien Tag
Laubholzhecken: Herbst oder Frühjahr, Sommer
Immergrüne Hecken: Spätherbst bis Vorfrühling (Thuja und Fichte)

So sägen Sie einen Baumast ab

Wenn Äste von Bäumen abgesägt werden müssen, besteht immer eine hohe Verletzungsgefahr – für Gärtner und Baum. Gehen Sie vorsichtig und sorgfältig an die Arbeit.
Es kommt vorrangig darauf an, den Ast zu entfernen, ohne einen breiten Rindenstreifen aus dem Stamm zu reißen. In der Peripherie befinden sich nämlich jene Gewebe, die für das Dickenwachstum und die Bildung von Seitenzweigen verantwortlich sind.
Führen Sie den Schnitt von unten nach oben. Dünne Äste werden in einem Zug abgesägt, dickere zunächst bis zur Mitte. Ein zweiter Schnitt, weiter außen und von oben angesetzt, führt schließlich dazu, dass der Ast abbricht (zur Not vorsichtig nachhelfen). Zum Schluss wird der Aststummel dann direkt am Stamm abgesägt.

Versorgen Sie die Schnittfläche

Nach dem Schnitt sollten Sie die Wundränder und Schnittflächen mit einem scharfen Gartenmesser glätten und alle Splitter und Erhebungen bis auf die Rinde zurückschneiden. Durch unsaubere Wundränder oder offene Schnittflächen können Krankheitskeime oder Wasser (Fäulnisgefahr) eindringen.
Der Fachhandel bietet fertige Wundverschlüsse an, die aus der Tube direkt (kleinere Wunden, leicht zu handhaben) oder mit einem Pinsel aus einem Eimer aufgestrichen werden (lohnend für große Schnittflächen oder nach umfangreichen Schnittmaßnahmen). Achten Sie darauf, dass die Verschlussmasse auch die Randbereiche der Wunde lückenlos abdeckt.
Ein sauberer, glatter und dichter Wundverschluss ist die beste Lebensversicherung für Ihr Gehölz.

Dicke Äste schneiden

Eine normale Gartenschere stößt immer dann an ihre Grenzen, wenn die Äste zu dick werden: Sie werden dann nicht mehr sauber durchtrennt, sondern »abgequetscht«. Wer viele oder große Sträucher besitzt, sollte daher früher oder später in eine Astschere mit langen Hebelarmen investieren. Amboss-Scheren haben nur eine Schneide, die auf einen festen »Amboss« drückt. Sie schneiden dickere Zweige besonders gerade. Bei zweischneidigen Scheren bewegen sich die beiden Schneiden aneinander vorbei. Sie eignen sich vor allem in engen Winkeln zwischen Zweigen und Stamm. Zerfaserte Wundränder sind ein Zeichen für stumpfe Scheren. Schneiden Sie die Verletzungen mit dem Gartenmesser glatt und decken Sie sie mit Wundverschluss ab.

Dünnere Zweige schneiden

Zum Schneiden von dünnen Trieben und Zweigen sollten Sie auf jeden Fall eine gute, scharfe Gartenschere verwenden. Einfache Haushaltsscheren sind dafür nicht geeignet. Mit einem Amboss-Modell und einer zweischneidigen Schere mit gebogenen Schneiden für Astwinkel lassen sich alle Arbeiten erledigen. Halten Sie Ihre Scheren scharf und sauber (Harze oder Pflanzensäfte verkleben gelegentlich die Schneiden) und bewahren Sie die Werkzeuge – sicher vor Kinderhand – an einem trockenen Ort auf.

> ● *Expertentipp*
>
> *Gelegentlich ein Tropfen Öl auf die beweglichen Teile Ihrer Scheren wirkt Wunder!*

Der richtige Heckenschnitt

Bevor Sie mit dem Heckenschneiden beginnen, sollten Sie zunächst eine Richtschnur spannen – nur so erreichen Sie gerade Kanten und Flächen. Ob Sie die Hecke mit einer Hand- oder Motorschere schneiden, ist eine Frage der Heckengröße und Ihrer Kondition. Handscheren eignen sich auf jeden Fall zum Nachbessern und Glätten von Problemstellen (ganz unten, Oberkante, Seiten). Netzabhängige elektrische Scheren brauchen ein ausreichend langes Kabel (Gürtelschlaufe, -halterung verhindern, dass Sie versehentlich ins Kabel schneiden). Geräte mit Akkus machen Sie zwar unabhängig vom Netz, halten aber oft nicht besonders lange vor.

Pflanzen vermehren – leicht gemacht

Seine eigenen Pflanzen zu vermehren,
ist eine unbeschreibliche Erfahrung.
Da die erforderlichen Techniken nicht
besonders schwer zu erlernen sind,
kann man auch als Garten-Neuling re-
lativ schnell und problemlos Beete mit
den »Nachkommen« der eigenen
Pflanzen füllen – was nebenbei auch
die Kosten merklich senkt.
Stauden behalten durch Teilung ihre
Wüchsigkeit und Blühfreudigkeit,
Stecklinge von Zier- und Nutzpflanzen
(auch von Gehölzen) wachsen zu neu-
en Pflanzen heran, und mit dem Sa-
men von Sommerblumen holen Sie
sich Jahr für Jahr neue Blütenpracht
ins Beet.

 Das benötigen Sie

- Gartenmesser
- Grabgabeln
- Gartenschere für Stecklinge
- Anzuchterde, Blumentöpfe

Diese Zeit brauchen Sie

Wurzel teilen: mit Ausgraben
15 Minuten
Kopfstecklinge: 5 Minuten
Steckhölzer: 5 Minuten

 Der richtige Zeitpunkt

Wurzel teilen: Spätsommer
bis Frühling
Kopfstecklinge: Spätfrühling
bis Sommer
Steckhölzer: Spätherbst

Zur Vermehrung und Verjüngung: Wurzeln teilen

Stauden werden nicht nur zur Vermehrung, sondern auch zur Verjüngung geteilt. Überalterte Stauden erkennen Sie daran, dass sie nicht mehr so üppig treiben und blühen oder sogar in der Mitte verkahlen – spätestens jetzt wird es Zeit, die Pflanze zu teilen.

Graben Sie die Staude mit einer Grabgabel aus der Erde (Spätsommer bis Frühling, an frostfreien Tagen) und brechen Sie äußere Teile mit deutlich sichtbaren Sprossansätzen heraus. Nur sie werden wieder eingepflanzt. Den verholzten Mittelteil des Wurzelwerks können Sie etwas zerkleinern und auf den Kompost werfen.

Reicht die Kraft Ihrer Hände nicht aus, benutzen Sie ein Gartenmesser oder zwei Grabgabeln.

Einfach und schnell: Vermehrung durch Kopfstecklinge

Diese Vermehrungsart funktioniert bei fast allen Stauden, aber auch vielen Gehölzen.

Suchen Sie ab Spätfrühling bis Sommer einen frischen End- oder Seitentrieb aus. Er sollte bereits 3–4 Etagen gesunder Blätter haben. Schneiden Sie ihn kurz unter einem Blattknoten mit Messer oder Schere ab, und entfernen Sie die untersten Blätter vorsichtig mit der Hand. Untersuchen Sie den Schnitt: Er sollte glatt und nicht gequetscht aussehen (hier entstehen leicht Fäulnisstellen).

Der Kopfsteckling wird entweder direkt in die Erde gesteckt oder kommt zunächst bis zur Bewurzelung in Wasser (siehe rechts). Stecklinge in Erde werden reichlich gegossen und gegen Austrocknung mit einer Folienhaube geschützt.

Gehölze vermehren: die alte Technik der Steckhölzer

Steckhölzer werden im Spätherbst, zur Vegetationsruhe, geschnitten. Wählen Sie Sprossstücke der vergangenen Jahre aus. Sie liegen unterhalb der weicheren Spitzen, sollten verholzt (braune Farbe, lassen sich nicht mehr leicht durchbiegen) und gerade sein und mehrere Augen (Seitenknospen) besitzen.

Führen Sie den oberen Schnitt gerade und etwa fingerbreit über einem Auge, den unteren Schnitt schräg unter einem Auge (markiert das untere Ende des Steckholzes).

Bis zum Frühling werden die Steckhölzer kühl und bis zur Hälfte in Sand (schräge Seite nach unten) gelagert. Dann steckt man sie in Anzuchterde, so dass nur die obersten Knospen herausschauen. Gut gießen und zum Erhalt der Luftfeuchtigkeit mit Folienhaube bedecken.

Leicht zu erkennen: Bewurzelung in Wasser

Sie können sowohl Kopfstecklinge als auch Steckhölzer bis zur Bewurzelung in Wasser stellen.

Achten Sie darauf, dass das Wasser nicht faulig wird, und ersetzen Sie es regelmäßig. Sobald die ersten guten Wurzeln sichtbar sind, können Sie den Steckling in einen Topf pflanzen. Zum Schutz gegen Austrocknung sollten Sie vor allem direkt nach dem Umpflanzen gut gießen und das Pflänzchen mit einer Folienhaube abdecken.

▶ *Expertentipp*

Der Fachhandel bietet »Bewurzelungsmittel« an, die für gute und verstärkte Wurzelbildung sorgen.

Eine preiswerte Methode: Samen sammeln

Viele Einjährige, aber auch Stauden lassen sich leicht über Samen vermehren. Aus Kreuzungen entstandene Blumen (auf den Samentütchen als »F$_1$«-Samen gekennzeichnet) keimen allerdings gar nicht oder zu sehr unterschiedlich aussehenden »Töchtern« aus. Bei allen übrigen Pflanzen lohnt sich auf jeden Fall ein Versuch.

Ernten Sie nur reife Samen (häufig dunkel, immer trocken und hart). Bei besonders kleinen Samen sollten Sie am besten eine Papiertüte über den Fruchtstand stülpen. Biegen Sie ihn dann vorsichtig um (Abschneiden ist auch möglich) und klopfen Sie die Samen in die Tüte. Samen bis zur Aussaat trocken und kühl lagern. Beschriften nicht vergessen!

So beugen Sie Krankheiten vor

 Das benötigen Sie

- Blumentöpfe für Ohrwürmer
- Nistkästen
- Pheromonfallen
- Gelbfallen
- Pflanzenstärkungsmittel
- Gesteinsmehl

 Der richtige Zeitpunkt

Fallen: zur Paarungszeit der Insekten (Packungsangaben)

Pflanzenstärkung: ab dem ersten Blattaustrieb

Gesteinsmehl: nach dem Blattaustrieb

Ein absolut sicheres Mittel gegen Schädlinge und Krankheiten gibt es nicht! Allerdings lässt sich ein Garten so einrichten und pflegen, dass die Zahl der potenziellen Schadfälle so klein wie möglich und ihre Auswirkungen so gering wie möglich bleiben. Gesunder Boden, gut ernährte, aber nicht überdüngte und optimal gepflegte Pflanzen halten die meisten Schädlinge und Krankheiten zumindest im Rahmen. Damit schonen Sie nicht nur die Umwelt in Ihrem Garten, sondern tun sogar noch etwas für Ihren Geldbeutel, denn Spritzmittel sind teuer! Befolgen Sie bei allen scheinbar drohenden Gefahren die wichtigste Grundregel: Keine Panik! Halten Sie die Augen nach auffallenden Veränderungen offen und reagieren Sie erst dann. »Vorbeugende« Spitzmaßnahmen mit chemischen Mitteln sind nur in den seltensten Fällen notwendig (z. B. Mehltau bei Rosen).

Bunte Vielfalt, ein natürlicher Schutz

Jede Art von Monokultur ist anfälliger gegenüber Schädlingen als eine bunte Mischung verschiedenster Pflanzenarten und Pflanzenformen. In solchen Mischkulturen – nicht nur bei Nutzpflanzen – unterstützen sich die Pflanzen gegenseitig. Viele Pflanzen können sogar gezielt gegen Schädlinge eingesetzt und angepflanzt werden:
Knoblauch gegen Mäuse und Wühlmäuse, Studentenblumen gegen Wurzelälchen, Lavendel gegen Ameisen, Kapuzinerkresse gegen Blattläuse und Möhren gegen die Zwiebelfliege.

Schützen Sie die Nützlinge im Garten

Biogärtner schwärmen nicht zuletzt deswegen von bunter Vielfalt, weil dadurch die Nützlinge gefördert werden. Als Nützlinge gelten all jene Tiere, die sich über schädliche, also Pflanzen schädigende Tiere hermachen. Im kleinen, konventionellen Garten ist es vor allem eine Frage der Geduld, ob die Nützlinge die Oberhand gewinnen. Für Einsteiger empfiehlt sich daher das Prinzip des »so wenig wie möglich«: Verzichten Sie weitestgehend auf chemische Spritzmittel, und freuen Sie sich über jeden Marienkäfer oder Ohrwurm, über Schlupfwespen und Florfliegen.

Fördern Sie die Nützlinge im Garten

Statt einfach nur abzuwarten, können Sie aber auch aktiv in die Ansiedlung und Vermehrung von Nützlingen »investieren«, hier nur eine kleine Auswahl:
Hängen Sie für Ohrwürmer umgekehrte, mit Stroh gefüllte Blumentöpfe in die Bäume, richten Sie Igeln ein Winterquartier und Vögeln die geeigneten Nistmöglichkeiten ein. Gönnen Sie Käfern und Schlupfwespen eine wilde, »ungepflegte« Ecke mit alten Zweigen, Laub und Wildkräutern, und räuberische Spinnen finden Ritzen und Spalten in Natursteinmauern.

Äußerst wirksam: Pheromonfallen und Gelbtafeln

Besitzer von Obstgehölzen haben häufig unter Schädlingen zu leiden, denen man scheinbar nur durch Spritzmittel Herr wird. Wenn man jedoch rechtzeitig die Zahl der befruchtungsfähigen Tiere reduziert, nimmt auch die Menge der Obst fressenden Larven ab.
Der Fachhandel bietet zu diesem Zweck Pheromonfallen (sie locken mit ihrem Duft paarungsbereite Falter-Männchen an) und so genannte Gelbfallen an (sie wirken durch die gelbe Farbe, die viele Insekten anzieht). In beiden Fällen bleiben die Tiere auf Leimstreifen kleben.

Stärkung bedeutet Schutz

Selbstverständlich ist es auch möglich, die Pflanzen mit Hilfe von »Pflanzenstärkungsmitteln« (in vielen Gartencentern erhältlich) besser gegen Angriffe zu wappnen. Man sprüht sie einfach über die Pflanzen oder mischt sie dem Gießwasser bei. Eine recht effektive Methode ist das Stäuben mit Gesteinsmehl, das eigentlich der Bodenverbesserung dient: Die feinen Teilchen setzen sich in den Mundwerkzeugen und Atemöffnungen der Insekten fest und hindern die Tiere am Fressen.

Schädlinge gezielt bekämpfen

Auch die beste Vorbeugung kann nicht verhindern, dass es gelegentlich zu einem Schädlingsbefall kommt, über den man nicht mehr mit Geduld hinwegsehen kann. In solchen Fällen sollten Sie zunächst den Weg zum Fachhandel suchen und sich dort von einem kompetenten Mitarbeiter über Möglichkeiten und Risiken der angebotenen Bekämpfungsmittel aufklären lassen. In vielen Fällen kann man Schädlinge aber auch bekämpfen, ohne gleich zur »chemischen Keule« zu greifen. Eine Reihe von Präparaten, speziell für den Biogarten, wird aus pflanzlichen Rohstoffen hergestellt. Betrachten Sie chemische Spritzmittel immer nur als die letzte Lösung und wenden Sie sie unbedingt buchstabengetreu nach den Packungsanweisungen an.

 Das benötigen Sie

- Gummihandschuhe
- Seifenlösung
- Schneckenzaun
- Plastikbecher
- Leimringe
- Giftspritze und Pflanzenschutzmittel

 Diese Zeit brauchen Sie

Schneckenfallen eingraben:
2 Minuten
Leimring anbringen: 10 Minuten

 Der richtige Zeitpunkt

Blattläuse: tagsüber nach Bedarf
Schneckenfallen: abends
Leimringe: im Herbst

Was können Sie gegen Blattläuse unternehmen?

Obwohl Blattläuse ärgerlich und störend sind und die Pflanzen schwächen, stellen sie keine wirkliche Gefahr dar. Unterstützen Sie die Arbeit der Marienkäfer und ihrer Larven, indem Sie die Blattläuse unter leichtem Druck regelmäßig abstreifen. Benutzen Sie dazu einen Gummihandschuh und eine konzentrierte Mischung aus Wasser und Schmierseife (evtl. auch Geschirrspülmittel).

Schütteln, Absprühen mit scharfem Wasserstrahl oder stark befallene Triebe mitsamt den Blattläusen abschneiden sind ebenfalls probate Mittel, bevor man zur Giftspritze greift. Biologische Mittel gegen Blattläuse werden auf der Basis von Pyrethrum oder Quassia hergestellt.

Schnecken – unermüdliche Fresser

Schnecken werden vor allem deswegen zur Plage, weil sie sich gerade die zartesten grünen Triebe aussuchen und damit schon die austreibenden Pflänzchen ernsthaft schädigen.

Es gibt die verschiedensten Wege, diesen Plagegeistern weitgehend Herr zu werden:

Schneckenzäune, Bierfallen (Becher in den Boden eingraben, abends zu 2/3 mit Bier füllen, morgens mitsamt der hineingefallenen Schnecken ausschütten), Anlocken und Absammeln oder Vergiften.

 Expertentipp

Wertvolle Stauden schützen Sie beim Austrieb am besten durch ein übergestülptes Einweckglas.

Führen Sie Schadinsekten auf den Leim

Nachdem die bewährte Methode der Leimringe lange Zeit vergessen schien, erlebt sie nun wieder eine Renaissance im Zier- und Nutzgarten. Leimringe helfen gegen alle Insekten, die auf Bäume klettern, um dort ihre Eier abzulegen (insbesondere der gefürchtete Frostspanner). Leimringe sind fertig zu kaufen. Sie werden im Spätherbst möglichst eng um die Baumstämme gelegt. Die aufkriechenden Insektenweibchen bleiben im Leim kleben und können keine Eier mehr ablegen, so dass die nächste Generation ausfällt.
Die von manchen Biogärtnern empfohlenen Fangringe aus Wellpappe sind nur dann effektiv, wenn sie regelmäßig kontrolliert und erneuert werden. Sie bieten allerdings den Vorteil, dass man gefangene Nützlinge wieder freisetzen kann.

Was Sie beim Einsatz von Spritzmitteln beachten sollten

Wenn Sie mit einem Spritzmittel gegen Schädlinge und Krankheitserreger (z. B. Pilze) vorgehen, sollte die Sicherheit an erster Stelle stehen: Halten Sie sich an alle (!) Anweisungen der Packungsbeilage (nicht umsonst stehen viele der Mittel im Fachhandel unter Verschluss).
Benutzen Sie die Spritzmittelbehälter nur zu diesem Zweck und reinigen Sie sie nach Gebrauch.
Spritzmittelreste dürfen niemals in den Ausguss oder das WC gekippt, sondern müssen vorschriftsmäßig entsorgt werden.
Halten Sie jegliche Spritzmittel unter gutem Verschluss; Kinder dürfen nie mit ihnen in Kontakt kommen!
Bringen Sie an windigen Tagen keine Spritzmittel aus.
Spritzen Sie überlegt und gezielt.

So entsorgen Sie kranke Pflanzenteile

Kranke Pflanzenteile gehören nicht auf den Kompost! So gut wie alle Erreger können ungünstige Perioden in Form von Dauerstadien überstehen und werden durch die üblichen Temperaturen in einem Komposthaufen nicht vernichtet.
Die sicherste Methode der Entsorgung wäre ein Feuer, in dem befallene Zweige und trockene Äste verbrannt werden. Allerdings verbieten es die Umweltverordnungen vieler Gemeinden oder einfach die Rücksicht auf den Nachbarn, auf diese Methode zurückzugreifen.
Stecken Sie entsprechende Abfälle daher in die Biotonne (in den Großkompostern der Entsorgungsbetriebe werden die entsprechenden Temperaturen gewöhnlich erreicht) oder fragen Sie bei Ihrer Gemeinde nach entsprechenden Entsorgungsstellen.

Pilzbefall, was tun?

Dass eine Pflanze oder Obst erkrankt ist, stellt auch ein Laie rasch und ohne Zögern fest. Viel schwieriger wird es, die Art der Krankheit zu bestimmen. Als Erreger kommen bei Pflanzen Pilze, Bakterien, aber auch Viren in Frage. Obwohl auf dieser Doppelseite einige besonders verbreitete Krankheiten vorgestellt werden, sollten Sie sich bei stärkerem Befall unbedingt mit einem Spezialisten in Verbindung setzen, dem Sie befallene Pflanzenteile vorlegen.

Zum Glück sind die meisten Krankheiten aber zeitlich und räumlich beschränkt, so dass eine Behandlung und Entsorgung der Überreste die Gartenlandschaft wieder ins Lot bringt.

Bei Zierpflanzen hilft es häufig, die befallene Pflanze komplett zu entfernen und durch eine gänzlich andere Art zu ersetzen – so findet der Erreger keinen geeigneten Wirt mehr vor.

Von Pilzen verursacht: Echter und Falscher Mehltau

Der Echte und der Falsche Mehltau sind Pilzerkrankungen, die sich als weißlich-grauer Belag auf den Blättern zeigen. Beim Echten Mehltau bildet sich auf Ober- und Unterseite des Blattes ein weißer, mehliger Belag. Die Blätter rollen sich ein und verkümmern. Der Falsche Mehltau äußert sich mit weißem, filzigem Belag auf der Blattunterseite, während die Oberseiten fleckig erscheinen.

Das können Sie tun: Zur Vorbeugung werden Schachtelhalm-Tee, Brennnesseljauche und biologische Stärkungsmittel empfohlen. Halten Sie die Blätter trocken (feuchte Blätter sind sehr anfällig gegen Falschen Mehltau) und entfernen Sie bei den ersten Anzeichen befallene Pflanzenteile. Der Fachhandel bietet Spritzpräparate an, die sich bei starkem Befall lohnen.

Noch ein Pilz: Malvenrost und andere Rosterkrankungen

Es gibt eine Reihe unterschiedlicher Rostpilze, einige haben sich auf bestimmte Pflanzenarten spezialisiert, andere sind in der Lage, im Sommer und Herbst den Wirt zu wechseln. Bei den Malven bzw. Stockrosen äußern sie sich als warzenartige, braune Pusteln auf der Blattunterseite: Die Blattoberseite ist gelblich-braun gefleckt. Zum Herbst hin bilden sich auf der Blattunterseite dann die schwarzen Sporenlager. Die Pflanze verliert frühzeitig ihre Blätter oder stirbt ganz ab.

Das können Sie tun: Eine wirksame Bekämpfung ist kaum möglich. Entfernen Sie befallene Blätter vollständig (ggf. die ganze Pflanze). Sammeln Sie alle herabgefallenen Blätter auf und vernichten Sie sie, denn die Pilze überwintern im Laub.

Rosenfäule: Grauschimmelpilze auf Rosen

Der Pilz *Botrytis cinerea*, der auch bei anderen Pflanzen den typischen Grauschimmel verursacht, äußert sich bei Rosen in einem relativ komplexen Schadbild (Stängel-, Blüten-, Knospenfäule). Insbesondere bei anhaltend feuchtem Wetter zeigen sich an Blütenknospen und Blüten graue bis braune, faulige Verfärbungen. Später im Jahr entstehen an den Stängeln stielchenartige Auswüchse.
Das können Sie tun: Der beste Schutz vor dieser Krankheit ist ein geeigneter, relativ trockener Standort und vorsichtiges Gießen (nicht über die Blätter). Auch Überdüngung mit zu viel Stickstoff kann den Pilzbefall fördern. Ist der Pilz erst einmal aufgetreten, sollten Sie befallene Pflanzenteile entfernen.
Der Fachhandel bietet vorbeugende Spritzmittel für Rosenbeete an.

Tulpenfeuer: Grauschimmelpilze bei Tulpen

Das erste Anzeichen des Schimmelpilzes (*Botrytis tulipae*) sind welke Blattspitzen und ein grauer, schimmeliger Belag, später auch Risse auf den Blättern. Die befallenen Tulpen zeigen ein gehemmtes, verkrüppeltes Wachstum. Sie sind kleiner als ihre gesunden Nachbarn, und die Blüten fehlen ganz oder sind missgebildet (siehe Bild).
Das können Sie tun: Da sich der Befall rasch ausbreitet, sollten Sie die befallenen Tulpen und ihre Nachbarn ausgraben und entsorgen (nicht im Kompost!).
Bei anderen Zwiebelpflanzen zeigen sich beim Ausgraben braune Flecken auf den Zwiebelschuppen, und bei genauem Hinsehen fällt ein filziges Pilzgeflecht auf (Pflanzen ebenfalls entsorgen).

Sclerotinia-Welke: Pilzbefall bei Dahlien

Auf nährstoffreichen, gut wasserdurchlässigen Böden und in der Sonne sind Dahlien gewöhnlich recht widerstandsfähig. Wenn sie dann noch trocken gelagert werden (bei 5–10 °C im Keller), treiben sie Jahr für Jahr wieder aus. Dennoch sind auch sie nicht gegen Krankheiten gefeit. Der Pilz *Sclerotinia* (im Bild auffälliger Belag auf der Knolle) äußert sich in Form von welkenden Trieben, die schließlich vollständig verdorren. Häufig treten auch weißlich faule Stellen im Stängel mit schwarzen Überdauerungsstadien (so genannte »Sklerotien«) auf.
Das können Sie tun: Am sichersten ist es, die ganze Dahlie zu entsorgen, um eine Ausbreitung zu verhindern. In Dahlienbeeten kann der Bestand vorbeugend mit einem entsprechenden Pilzmittel gespritzt werden.

Was tun, wenn der Winter naht?

 Das benötigen Sie

- Mulch, Stroh, Fichtenreisig
- Bambusstäbe, Jutesäcke

 Diese Zeit brauchen Sie

Abdecken: 5 Minuten
Kletterrosen verkleiden:
20 Minuten
»Zelt« für Sträucher:
30–40 Minuten
Ziergräser zusammenbinden:
10 Minuten

 Der richtige Zeitpunkt

Spätherbst vor den ersten Frösten

Obwohl die meisten Gartenpflanzen einen durchschnittlichen Winter ohne größere Schutzmaßnahmen überstehen, lohnt sich bei empfindlichen Pflanzen ein gewisser Aufwand, um sie heil über die kalte Jahreszeit zu bringen.
Problematisch ist nicht nur die tiefste Temperatur der Jahreszeit, sondern auch starke Temperaturschwankungen. So kann die Sonne eine Kletterrose vor einer hellen Südwand bereits im Spätwinter so stark erwärmen, dass sie austreibt, in der folgenden Nacht dann jedoch erfriert. Zusätzlich zur Mulchauflage (siehe unten) können Sie im Staudenbeet ein Übriges tun:
Verzichten Sie einfach auf den Rückschnitt im Herbst. Die oberirdischen Teile legen sich dann schützend auf die Wurzeln der Stauden.

Benötigen Stauden einen Winterschutz?

Stauden überstehen die kalte Jahreszeit unterirdisch: In ihren Wurzeln sind alle Nährstoffe gespeichert, die sie zum Austreiben im nächsten Frühjahr brauchen. Werden sie im Herbst – wenn das Beet ohnehin mit einer Mulchschicht abgedeckt wird – mit etwas Mulch aufgehäufelt, dringt der Frost nicht so leicht in den Boden ein und die feinen Wurzeln bleiben besser geschützt. Decken Sie empfindlichere Stauden noch zusätzlich mit einer Lage Stroh und Fichtenreisig ab.

Empfindliche und junge Sträucher schützen

Nachdem sich ein Strauch etabliert hat, kommt er gewöhnlich ohne Winterschutz aus – erfrorene Zweige werden im Frühjahr abgeschnitten.
In den ersten Jahren sollten Sie empfindlichere Sträucher jedoch vor der Kälte schützen. Packen Sie Stroh und Fichtenzweige zwischen das Geäst und legen Sie außen Fichtenzweige darüber.
Noch besseren Schutz bietet ein »Indianerzelt« aus festen Bambusstäben (oben zusammenbinden). Darüber kommt eine »Zeltplane« aus Jute (Sackleinen), die mit Bindedraht an den Stützen befestigt wird.

Ziergräser brauchen Wärme

Einige der schönsten Ziergräser stammen aus den Steppenregionen wärmerer Breiten und müssen vor Frost geschützt werden, damit die empfindlichen Teilungsgewebe nicht erfrieren. Legen Sie dazu im Spätherbst die Blätter wie ein Zelt kegelförmig zusammen (leicht eindrehen) und binden Sie sie mit einer Gartenschnur fest. Dieses »Polster« reicht gewöhnlich als Schutz aus.

> ▶ *Expertentipp*
>
> *Noch sicherer wird die schützende Hülle, wenn sie noch mit einer Strohmatte umgeben wird.*

Zwiebeln und Knollen richtig überwintern

Viele Zwiebeln und Knollen (z. B. Narzissen, Tulpen, Krokusse, Schneeglöckchen, Traubenhyazinthen) kommen problemlos mit dem Winter zurecht, sofern sie in der richtigen Tiefe liegen. Andere Arten dagegen müssen im Herbst aus der Erde genommen werden (z. B. Dahlien und Gladiolen). Lassen Sie die anhaftende Erde zunächst trocknen, dann lässt sie sich leichter entfernen. Knollen werden am besten trocken im Keller (4–5 °C) gelagert; wenn sie auf Sand liegen, wird die Fäulnisgefahr reduziert (faule Exemplare sofort aussortieren!).

Die meisten Rosen brauchen einen Winterschutz

Wildrosen und die meisten einmal blühenden Strauchrosen brauchen keinen Winterschutz; zur Sicherheit können sie aber wie alle übrigen Beet- und Edelrosen mit aufgehäufeltem Mulch und einer Abdeckung aus Fichtenreisig abgesichert werden. Kletterrosen werden durch angehängte Fichtenzweige (überlappend) oder – besonders sicher – mit einer umgelegten Strohmatte vor Spätfrösten und austrocknenden Winden geschützt. Verwenden Sie auf keinen Fall Plastikhauben, die keine Luftzirkulation zulassen und wie ein Gewächshaus wirken.

Januar/Februar

- jetzt ist die beste Zeit, Gartenbücher und Kataloge zu studieren
- spätestens jetzt Stauden und Sträucher vor den bald einsetzenden Spätfrösten schützen
- Ziersträucher und Obstbäume auslichten
- Sträucher umpflanzen
- erste Sommerblumen im Haus aussäen
- Gehölze von der Schneelast befreien
- Hecken verjüngen

März

- in milden Regionen Winterschutz entfernen
- bereits jetzt die früh austreibenden Unkräuter jäten, um ihnen keine Zeit zur Samenbildung zu geben
- an milden Tagen Stauden pflanzen
- frostfeste Ziergräser bis auf den Boden zurückschneiden
- Rosen auslichten und schneiden
- Stauden- und Strauchbeete auflockern und organisch oder mit Volldünger düngen

April

- auch in raueren Gegenden kann nun der Winterschutz entfernt werden
- Rasen säubern, von Moos befreien und düngen
- dünne Mulchschicht auf den Beeten verteilen
- Kompost umsetzen
- erste Sommerblumen ins Freiland säen
- im Zimmer vorgezogene Pflänzchen abhärten
- Stauden pflanzen
- Rosen abhäufeln

Mai/Juni

- Bäume und Sträucher bei Trockenheit gießen
- Stützen für große Stauden anbringen
- dicht bewachsene Staudenbeete nochmals sparsam düngen
- nach Schädlingen und Krankheiten suchen und bekämpfen
- Boden lockern und Unkraut jäten
- Dahlien und Gladiolen setzen
- Rhododendren und Azaleen pflanzen
- Blüten/-stände und verwelkte Blätter der Frühblüher abschneiden

Gartenpflege übers Jahr

Juli/August

- nach der Vogelbrut Laubholz-, Thuja- und Fichtenhecken schneiden
- nach Schädlingen und Krankheiten suchen und bekämpfen
- Jäten
- bei mehrfach blühenden Rosen, Stauden und Einjährigen regelmäßig das Verblühte entfernen
- Zweijährige ins Freiland säen
- Koniferen pflanzen
- Rosen mit Kalimagnesiadünger düngen (Juli)

September

- Rasen ausbessern oder neu anlegen
- Beete von Unkraut befreien (oft haben sie nach dem Urlaub das Regiment übernommen)
- Zwiebeln und Knollen für die Frühjahrsblüte des nächsten Jahres setzen
- Stauden pflanzen
- Nadelbäume und immergrüne Laubgehölze pflanzen

Oktober

- Kompost umsetzen
- Laub zusammenrechen
- Bauarbeiten (Trockenmauern, Wege, Pflasterarbeiten) ausführen
- Rosen, Laubholzsträucher und letzte Zwiebeln und Knollen pflanzen
- Beetstauden abschneiden und als Winterschutz mit Mulch abdecken
- Dahlien und Gladiolen ausgraben

November/Dezember

- Beete endgültig winterfest machen
- Gräser und Stauden mit attraktiven Blütenständen oder Blättern als winterliche Blickpunkte stehen lassen (Vogelfutter, Raureif)
- Rosen anhäufeln und abdecken
- hohe Gräser zusammenbinden

Zierpflanzen auswählen

So finden Sie sich im Porträtteil zurecht

Pflanzenzüchter und Gärtner bemühen sich seit Jahrhunderten, die Gärten der Welt um immer neue Zierpflanzen zu bereichern. Die großen Forschungs- und Entdeckungsreisen vergangener Zeiten versorgten die Gärten Europas mit zahllosen exotischen Blüten. Durch Kreuzungen und Züchtungen entstand so eine kaum überschaubare Vielfalt von Gartenpflanzen. Was früher nur den Reichen oder Spezialgärten vorbehalten war, wird heute zu annehmbaren Preisen und übersichtlich in Gartencentern angeboten. Allerdings ist solche Fülle gerade für den Einsteiger nicht immer leicht zu durchschauen. Pflanzen sind eben auch »Ware« und damit Moden, Angebot und Nachfrage unterworfen.

Es gibt mehrere Möglichkeiten, Kenntnisse über die besten Gartenpflanzen zu erwerben: Fragen Sie einfach über den Gartenzaun, wenn Sie eine interessante Staude oder ein hübsches Gehölz entdecken. Nach meiner persönlichen Erfahrung sind die meisten begeisterten Gärtner auch sehr freundliche und kommunikative Menschen. Vielleicht gehen Sie nicht nur mit dem Wissen um eine neue Pflanze, sondern sogar mit einem Ableger nach Hause. Hilfreich sind auch öffentliche Gärten und Gartenschauen mit betreuten Spaziergängen oder Führungen; ähnlich informativ sind Pflanzentauschbörsen, die von manchen Gemeinden oder Institutionen organisiert werden. Hier erfährt man sehr viel über neue Pflanzen, interessante Kombinationen und die Pflege der einzelnen Arten. Auch in den gängigen Gartenzeitschriften finden Sie häufig Wissenswertes über neue Züchtungen und ihre Verwendung.

Zur Auswahl der beschriebenen Pflanzen

Die folgenden Seiten stellen einige der wichtigsten und ausschließlich bewährte Pflanzen vor. Da diese Auswahl zwangsläufig auf persönlichen Erfahrungen und Vorlieben basiert, könnte man theoretisch auch andere Arten vorschlagen. Allerdings handelt es sich bei den ausgesuchten Pflanzen zumeist um pflegeleichte Arten und Sorten, die in den meisten Gärtnereien und/oder im Versandhandel vorrätig sein dürften. Mit einer jahreszeitlichen Auswahl dieser Pflanzen haben Sie eine gute »Basis-Ausstattung« für Ihre Beete.

Der Porträtteil ist nach folgendem Schema aufgebaut:
- Alle Pflanzen sind auf drei jahreszeitliche Kategorien (Frühling, Sommer, Herbst) verteilt. Das erleichtert die Auswahl für einen gezielten Pflanzenkauf und erlaubt Ihnen, bereits im ersten Jahr nach Anlage des Gartens zu jeder Jahreszeit auf blühende Pflanzen zu blicken.
- Innerhalb der Kategorien wurden die Pflanzen nach verschiedenen Kriterien gegliedert, die sich jeweils aus den Überschriften der Doppelseiten ergaben. Gehölze, Gräser, Kletterpflanzen usw. wurden daher nicht gesondert aufgeführt, sondern entsprechend ihrer größten Schauwirkung auf die Jahreszeiten »verteilt«.

Der Aufbau der einzelnen Pflanzenbeschreibungen

Auf den **deutschen Namen** der entsprechenden Pflanze folgt die **lateinische Bezeichnung** (nach dieser sind die Pflanzen in vielen Gartencentern und in den meisten Katalogregistern geordnet). **Sortennamen** stehen in Anführungszeichen.

Höhen- und Breitenangaben erleichtern die Entscheidung über den Höhenaufbau des Beetes; außerdem bestimmt die Breite den Pflanzabstand. Beide Angaben sind als Durchschnittswerte der ausgewachsenen Pflanzen zu verstehen, die je nach Sorte, Standort und Boden abweichen können. Richten Sie sich beim Einpflanzen dennoch in etwa nach diesen Angaben, damit die ausgewählten Pflanzen nicht ihre Nachbarn überwuchern. Bedenken Sie auch, dass Stauden und Gehölze in den ersten Jahren nach dem Einpflanzen nicht ihre volle Größe erreichen. Wenn Sie die »Lücken« stören, füllen Sie sie mit ausgesäten Einjährigen auf.

Auch die **Blütezeiten** sind als Durchschnittswerte zu verstehen; ein warmes Frühjahr, ein zu heißer oder zu kalter Sommer, zu viel oder zu wenig Regen – all das beeinflusst den Beginn der Blütezeit.

Die Bedeutung der verwendeten Piktogramme

Die Piktogramme weisen auf Licht- und Wasserbedürfnisse und besondere Eigenschaften der Pflanze hin.

Der wichtigste Standortfaktor betrifft die Lichtbedürftigkeit der Pflanze. Sonnenpflanzen sind an völlig andere Verhältnisse angepasst als Schattenpflanzen. Obwohl die meisten Pflanzen eine gewisse Spanne an Lichtverhältnissen tolerieren, sollten Sie reine Sonnenpflanzen nicht in den Schatten pflanzen und umgekehrt.

☼ Die Pflanze gedeiht am besten in voller Sonne, d. h., im Laufe des Tages liegt der Standort nie oder nur für eine bis zwei Stunden im Schatten.

☼ Die Pflanze gedeiht am besten im Halbschatten. Halbschatten ist ein dehnbarer Begriff, er herrscht sowohl im dauerhaft lichten Schatten eines Gehölzes (die Pflanze steht nie in der vollen Sonne) als auch an Orten, die für mehrere Stunden am Tag im Vollschatten liegen.

Die Pflanze gedeiht sogar noch im Schatten gut. Im Vollschatten (die Sonne scheint niemals) herrschen extreme Bedingungen, die nur von wenigen Spezialisten toleriert werden (Farne, einige Stauden und Gehölze aus dem Unterwuchs dichter Wälder), während Standorte, die nur für 2–3 Stunden täglich besonnt werden, zwar noch als schattig gelten, aber einen etwas breiteren Spielraum bieten.

Die zweite Gruppe betrifft die Wasserbedürftigkeit. Auch hierbei stellen die Piktogramme den durchschnittlichen Wasserbedarf dar. Bei intensiver Sonneneinstrahlung nimmt der Wasserbedarf aller Pflanzen zu. Gehen Sie daher an heißen Tagen häufiger durch den Garten und achten Sie auf schlaffe Blätter – gießen Sie auch dann, wenn das Piktogramm »wenig« gießen empfiehlt.

 Die Pflanze sollte regelmäßig täglich gegossen werden, bei heißem Wetter ggf. sogar morgens und abends.

 Es reicht aus, wenn die Pflanze alle 3–4 Tage gegossen wird (siehe oben).

 Die Pflanze kommt natürlicherweise mit wenig Wasser aus und braucht nur bei längerer Trockenheit gezielt gegossen werden.

Die dritte Piktogrammgruppe stellt verschiedene Eigenschaften in den Vordergrund, die bei der Auswahl der Art von Bedeutung sein können:

 Die Blütenstängel können geschnitten und in der Vase ins Zimmer gestellt werden.

 Die vorgestellte Art wächst flächenhaft und kann dazu verwendet werden, größere Bereiche eines Beetes abzudecken.

 Einige wenige der vorgestellten Arten vertragen die winterliche Kälte nicht. Daher müssen die Zwiebeln bzw. Knollen im Herbst entnommen und kühl und trocken gelagert werden.

 Teile (z. B. Früchte) oder sogar die ganze Pflanze sind giftig; achten Sie vor allem auf dieses Zeichen, wenn Kinder im Garten spielen.

Zum Aufbau der Porträttexte

Die folgenden Kurzbeschreibungen der Pflanze befassen sich mit ihrem Aussehen, dem Pflanzen, der Pflege und den Gestaltungsmöglichkeiten.

Aussehen: Hier ist angegeben, um welche Art von Pflanze (Einjährige, Staude, Gehölz, Zwiebel- oder Knollenblume) es sich handelt und wie die Blüten und Blätter aussehen.

Die Pflanzen (hier Ochsenzunge *Anchusa italica* und Brennende Liebe *Lychnis chalcedonica*) bestimmen das Aussehen des Gartens und seinen Stil.

Pflanzen: Hier finden Sie die erforderlichen Informationen zum Einpflanzen, wie Bodeneigenschaften, einzuhaltende Abstände und Pflanz- bzw. Aussaattermine.

Pflegen: Hier sind spezielle Ansprüche aufgelistet, als Ergänzung zu den allgemeinen Angaben im Praxisteil.

Gestalten: Hier finden Sie praxisnahe Tipps, wie die Pflanzen optimal zur Geltung kommen.

Unter *Expertentipps* oder *Gute Partner* werden darüber hinaus weitere nützliche Informationen angeboten.

Blütenpracht im Frühjahr

Unterschätzen Sie niemals die psychologische Wirkung Ihres Gartens! Wenn die langen, düsteren Wintertage langsam wieder freundlicher aussehen, dann sind die ersten Farbtupfer der Frühblüher das vielleicht beste Mittel, um den Gedanken an Frühjahrsmüdigkeit gar nicht erst aufkommen zu lassen. Leuchtendes Rot, strahlendes Gelb oder intensives Blau setzen der Tristesse der kalten Jahreszeit ein fröhlich buntes Ende. Jetzt beginnt die lange, herrliche Zeit des Gartens!

Bis auf wenige Ausnahmen – beispielsweise Wildstauden der heimischen Wälder – handelt es sich bei den Frühjahrsblühern um Zwiebel- und Knollenpflanzen, die gespeicherte Nährstoffe für den Austrieb nutzen. Damit haben sie gegenüber anderen Pflanzen zwar einen deutlichen Vorsprung, verbrauchen ihre Energie aber auch rascher. Wenn andere Stauden kräftig wachsen und die ersten Blüten ansetzen, ziehen sich die Frühjahrsblüher schon wieder zurück. Sie haben das Licht genutzt, Nährstoffe gebildet und in den Speicherorganen deponiert – bis zum nächsten Jahr. Für den Gärtner sind Zwiebel- und Knollenpflanzen auch deswegen interessant, weil sie bis auf das Einpflanzen im Herbst des Vorjahres kaum Pflege brauchen und verlässlich blühen.

Der Gehölzrand, ein optimaler Standort

Unter Laub abwerfenden Sträuchern kommen Frühblüher mit Wildcharakter wie Strahlenanemone, Blausternchen oder Schneeglöckchen optimal zur Geltung. Wenn Sie das Falllaub liegen lassen, bildet sich eine natürliche Mulchschicht, in der sich die Pflanzen besonders wohl fühlen. Treiben die Blätter der Gehölze aus, ist die Blüte der Zwiebel- und Knollenpflanzen meist auch beendet. Am besten überlassen Sie die Pflanzen sich selbst, denn viele breiten sich über Tochterzwiebeln oder Samen aus.

Frühjahrsblüher in Beeten und Rabatten

Pflanzen Sie Frühjahrsblüher möglichst so ins Beet, dass sie vom Haus aus gut sichtbar sind. Da Zwiebel- und Knollenpflanzen nach dem Einziehen Lücken hinterlassen, sollten Sie sie von vornherein in die Nachbarschaft laubreicher Stauden setzen, die später die offenen Stellen überdecken. Wo das nicht geht, können Sie die Lücken natürlich immer mit einjährigen Sommerblumen füllen oder bepflanzte Kübel aufstellen.

Die ersten Frühlingsboten

Elfenkrokus
Crocus tommasinianus

Höhe/Breite: 10 cm/5–7,5 cm
Blütezeit: Februar–April

Aussehen: Knollenpflanze mit hell-violetten Trichterblüten (Durchmesser 3–4 cm) und leuchtend gelben Staubgefäßen; schmale, grasgrüne Blätter, die im Mai einziehen
Pflanzen: Knollen von Spätsommer bis Herbst mit 5–10 cm Abstand eingraben; eignet sich für jeden normalen, durchlässigen Gartenboden; nicht geeignet für sehr trockene Standorte; sät sich selbst aus und bildet kleinere Kolonien
Pflegen: zur Blütezeit düngen; nur bei längerer Trockenheit gießen
Gestalten: am besten in größeren Gruppen unter Sträuchern oder mit anderen Frühlingsblumen am Rasenrand

Winterling
Eranthis hyemalis

Höhe/Breite: 10 cm/6 cm
Blütezeit: Februar–März

Aussehen: Knollenpflanze mit leuchtend gelben, duftenden Schalenblüten (Durchmesser 2–2,5 cm); Blätter handförmig geteilt, frischgrün, ziehen bald ein
Pflanzen: Knollen im Herbst mit 5–10 cm Abstand eingraben (dürfen nicht ausgetrocknet sein!); in frischen und humusreichen Boden, trockener oder verdichteter Boden ist ungeeignet
Pflegen: keine Pflege erforderlich; nur bei längerer Trockenheit gießen
Gestalten: am besten in größeren Gruppen unter lichten Gehölzen; verwildern leicht, da sie sich selbst aussäen und über kurze Ausläufer vermehren

Schneeglöckchen
Galanthus nivalis

Höhe/Breite: 10–15 cm/10 cm
Blütezeit: Februar–April

Aussehen: eintriebige Zwiebelpflanze mit nickenden, weißen, zart duftenden Blüten (Durchmesser 1 cm), im Innern der Krone grünliche Streifen
Pflanzen: Zwiebeln im Herbst mit 5–10 cm Abstand eingraben; zur Vermehrung Zwiebeln nach der Blüte ausgraben und neu einpflanzen; braucht frischen, humusreichen, lehmigen Boden, verträgt keine trockenen, sandigen Böden
Pflegen: problemlose Pflanze, die keiner weiteren Pflege bedarf; nur bei längerer Trockenheit gießen
Gestalten: immer in lockeren Gruppen, z. B. unter Gehölzen; bilden im Lauf der Zeit größere Gruppen

 *Gute Partner*

- *Später blühende Krokusse*
- *Schneeglöckchen* • *Winterling*

 *Gute Partner*

- *Früh blühende Krokusse*
- *Schneeglöckchen*

 Expertentipp

Schneeglöckchen wuchern stark! Verpflanzen Sie nach der Blüte Zwiebeln vom Rand des Bestandes.

 sonnig   halbschattig   schattig   viel gießen   mäßig gießen

Weitere schöne Frühblüher

Name	Höhe Wuchsform	Blütenfarbe Blütezeit
Buschwindröschen (*Anemone nemorosa*)	15–25 cm koloniebildende Rhizompflanze	weiß März–April
Kaukasus-Vergissmeinnicht (*Brunnera macrophylla*)	30–50 cm buschige Staude	hellblau März–Mai
Schneeglanz (*Chionodoxa luciliae*)	10–15 cm koloniebildende Zwiebelpflanze	blau mit weißem Auge März
Hohler Lerchensporn (*Corydalis cava*)	15–15 cm Staude, kann verwildern	weiß bis purpurrosa Aril–Mai
Gartenkrokus (*Crocus*-Hybriden)	10–15 cm eintriebige Zwiebelpflanze	weiß, gelb, hellviolett bis blau, auch zweifarbig gestreift März–April
Frühlings-Alpenveilchen (*Cyclamen coum*)	10 cm koloniebildende Knollenpflanze	weiß, rosa, rot Februar–April
Leberblümchen (*Hepatica*-Arten)	10–20 cm teppichbildende Staude	reine Blautöne März–April
Frühlings-Platterbse (*Lathyrus vernus*)	20–30 cm Staude	purpur bis blauviolett und mehrfarbig April–Mai
Frühlings-Gedenkemein (*Omphalodes verna*)	15–25 cm teppichbildende Staude	blau mit weißer Mitte März–Mai
Puschkinie (*Puschkinia scilloides*)	10–15 cm teppichbildende Zwiebelpflanze	weiß bis zart blau mit blauen Streifen März–April

Christrose, Nieswurz
Helleborus-Arten und -Hybriden

Höhe/Breite: 25–60 cm/30–80 cm
Blütezeit: Februar–April

Aussehen: Staudenpflanze mit attraktiven, weißen, gelblich-grünen bis purpurroten Schalenblüten (Durchmesser 4–7 cm), Hybriden auch mit gefleckten Blüten; dunkelgrüne, fächerförmig zerteilte Blätter; mehrere Arten und Sorten
Pflanzen: im Herbst mit 50 cm Abstand in humushaltigen, frischen, lehmigen und möglichst kalkhaltigen Boden setzen
Pflegen: abgestorbene Blätter im Frühling abschneiden, ansonsten ungestört lassen; sparsam mit Kalkdünger düngen; nur bei längerer Trockenheit gießen
Gestalten: als Unterwuchs von blühenden Sträuchern oder zwischen Frühlingsblumen; das hübsche Laub kommt auch nach der Blütezeit zur Geltung

Märzenbecher
Leucojum vernum

Höhe/Breite: 20 cm/10–15 cm
Blütezeit: Februar–April

Aussehen: Zwiebelpflanze; Blüten glockenförmig, weiß, duftend, nickend (Durchmesser 1,5 cm), mit kleinen grünen Flecken auf den Zipfeln; Blätter schmal und saftig grün
Pflanzen: Zwiebeln im Spätsommer bis Herbst mit 10 cm Abstand eingraben; auf feuchte (vor allem bei sonnigem Standort), humushaltige Böden, möglichst Lehm-, aber keine Sandböden; verträgt kurzfristig auch Staunässe
Pflegen: etwas Dünger zur Blütezeit, sonst möglichst ungestört lassen
Gestalten: einer der ersten Blüher im Jahr, daher gut sichtbar als Gruppe unter Gehölzen, am Teichrand oder in Hausnähe pflanzen

Gute Partner

- *Christrose* • *Farne* • *Funkie*
- *Schattengräser* • *Schneeglöckchen*

Bunt gemischt fürs Frühlingsbeet

Strahlenanemone
Anemone blanda

Höhe/Breite: 10–15 cm/8–10 cm
Blütezeit: März–Mai

Aussehen: koloniebildende Knollenpflanze; Blüten blau, auch weiße und rosa Sorten (Durchmesser 2,5–3 cm); Blätter dreiteilig, grasgrün
Pflanzen: Knollen mit 10 cm Abstand im Herbst pflanzen; Boden durchlässig, nicht zu feucht, humos, sehr trockene Standorte sind ungeeignet
Pflegen: völlig problemlos, keine Pflege erforderlich, nur bei längerer Trockenheit gießen
Gestalten: unter Gehölzen, im Vordergrund von Beeten (sollten im Sommer von Stauden bedeckt sein); verwildert durch Bildung von Brutknollen zu attraktiven Gruppen

 *Gute Partner*

- *Buschwindröschen (Anemone nemorosa) und andere Anemonen*
- *kleine Narzissen*

Blaukissen
Aubrieta deltoidea

Höhe/Breite: 5–15 cm/50–60 cm
Blütezeit: April–Mai

Aussehen: teppichbildende Staude; üppige, dichte Blütenvorhänge; Blüten je nach Sorte lilablau, violett, rot, rosa (Durchmesser ca. 1 cm), angenehm duftend; Blätter klein, graugrün
Pflanzen: aus dem Container ganzjährig möglich; durchlässige, kalkhaltige, lockere Böden; verträgt auch trockene Standorte, jedoch keine schweren Böden
Pflegen: etwas Dünger im Frühling (nicht später), gießen nur bei längerer Trockenheit, Rückschnitt nach der Blüte (sollte möglichst die Polsterform bewahren)
Gestalten: fließend über Mauern, Geländestufen und in Steingärten, auch im Vordergrund von Staudenbeeten

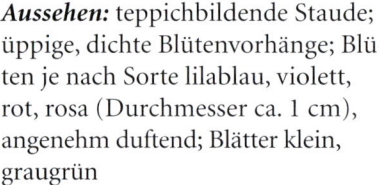 *Gute Partner*

- *Bartiris* • *Gänsekresse*
- *Schleifenblume* • *blaue Sorten mit Wolfsmilch*

Kaiserkrone
Fritillaria imperialis

Höhe/Breite: 60–100 cm/20–25 cm
Blütezeit: April

Aussehen: eintriebig aufrecht wachsende Zwiebelpflanze; Blüten je nach Sorte gelb, orange oder rot (Durchmesser 4–5 cm), zart duftend; Blätter schmal eiförmig, hellgrün
Pflanzen: Zwiebeln können ab August/September mit 30 cm Abstand eingegraben werden; Boden durchlässig und leicht, nährstoffreich, keine Staunässe
Pflegen: im Frühling düngen, ggf. stäben, Verblühtes sofort und die Reste nach dem Vergilben der Blätter entfernen; Gießen nur bei längerer Trockenheit
Gestalten: setzt – zu kleinen Gruppen arrangiert – zwischen früh blühenden Tulpen oder Narzissen spektakuläre Akzente in frühlingshaften Staudenbeeten

---

Schleifenblume
Iberis sempervirens

Höhe/Breite: 15–30 cm/20–25 cm
Blütezeit: April

  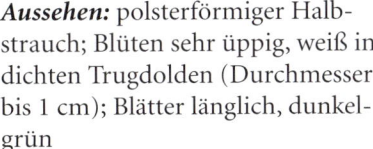

Aussehen: polsterförmiger Halbstrauch; Blüten sehr üppig, weiß in
dichten Trugdolden (Durchmesser
bis 1 cm); Blätter länglich, dunkelgrün
Pflanzen: aus dem Container ganzjährig möglich; Boden durchlässig,
sandig, nährstoffarm (kein Humus);
verträgt Trockenheit; Abstand mindestens 1 m
Pflegen: selten düngen, alte Pflanzen
kräftig zurückschneiden, in kalten
Wintern mit Reisig abdecken; nur
bei längerer Trockenheit gießen;
problemlos, wird sehr alt
Gestalten: ideal für Böschungen,
über Mauern oder im seitlichen
Vordergrund von Rabatten

Traubenhyazinthe
Muscari armeniacum

Höhe/Breite: 15–20 cm/8–10 cm
Blütezeit: April–Mai

Aussehen: horstartig wachsende
Zwiebelpflanze; Einzelblüten blau in
5 cm hohen, kegelförmigen Blütenständen, Sorten auch weißblütig,
duftend; Blätter schmal, grasgrün
Pflanzen: Zwiebeln im Herbst mit
5–10 cm Abstand eingraben; Boden
gut durchlässig, mäßig trocken
Pflegen: Blätter nach der Blüte zurückziehen lassen; mäßig gießen,
verträgt kurzzeitig auch Trockenheit
Gestalten: blüht lange, in Steingärten, unter Sträuchern, verwildert
sehr gut, auch hübsch an Wiesenrän-
dern

Blausternchen
Scilla siberica

Höhe/Breite: 10–15 cm/5–8 cm
Blütezeit: März–Mai

Aussehen: teppichbildende Zwiebelpflanze; Blüten hellviolett bis enzi-
anblau (Durchmesser 1–1,5 cm) in
Trauben; Blätter schmal, grasgrün
Pflanzen: Zwiebeln im Herbst mit
5–10 cm Abstand eingraben; humose Gartenböden, weder zu feucht
noch zu trocken
Pflegen: im Februar Falllaub entfernen, Kompost oder organischen
Dünger geben; mäßig gießen; es
können Brutzwiebeln abgenommen
werden
Gestalten: ideal am Gehölzrand oder
mit Narzissen und Tulpen als bunte
Gruppe im Beet; breitet sich durch
Selbstaussaat aus und verwildert
leicht

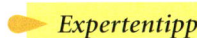 *Gute Partner*

- *Bartiris* • *Blaukissen*
- *Steinkraut* • *Tulpen*

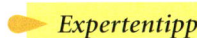 *Expertentipp*

*Empfehlenswerte Sorten sind 'Blue
Spike' (himmelblau) und die duftende 'Cantab' (blüht im Mai).*

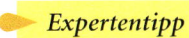 *Expertentipp*

*Sehr schön wirkt eine Kombination
mit den Sorten 'Alba' (weiße Blüten)
und 'Rosea' (weiß-rosa Blüten).*

wenig gießen

Schnittblume

Bodendecker

nicht winterharte
Zwiebelpflanze

giftig

Blütenfülle mit Tulpen, Narzissen & Co.

Hyazinthe
Hyacinthus orientalis (Sorten)

Höhe/Breite: 20–30 cm/10–15 cm
Blütezeit: April–Mai

Aussehen: eintriebige Zwiebelpflanze; Sorten in fast allen Farben erhältlich, Einzelblüte 2–3 cm Durchmesser, in 15 cm hohen, dichten Blütenständen, stark duftend; Blätter breit lineal, aufrecht, grasgrün
Pflanzen: Zwiebeln im Herbst mit 15–20 cm Abstand ins Freiland; blühen früher bei Anzucht im Zimmer (dunkel überwintern); mäßig trockener Boden, durchlässig, keinesfalls winterfeucht
Pflegen: keine besondere Pflege; da die Blütenfülle mancher Sorten im Folgejahr nachlässt, besser jährlich neu kaufen und pflanzen
Gestalten: am besten gemischtfarbig in Kübeln, Kästen und Schalen, aber auch für sonnige Rabatten und im lichten Schatten von Gehölzen

Zwergiris
Iris reticulata (Sorten)

Höhe/Breite: 20 cm/5–10 cm
Blütezeit: März

Aussehen: niedrige Zwiebelpflanze, die langsam kleine Gruppen bildet; Blüten blauviolett (Durchmesser 3–4 cm) mit orange-gelben Malen, auch in Weiß und Gelb erhältlich; Blätter schmal lineal, grasgrün
Pflanzen: Zwiebeln im Herbst mit 5–10 cm Abstand ins Freiland (nicht geeignet für sehr raue Regionen); mäßig trockener Boden, unbedingt durchlässig, auch steinig-sandig
Pflegen: während der Blütezeit sparsam düngen, danach stehen lassen; zur Sicherheit im Winter mit Fichtenreisig abdecken
Gestalten: in kleinen gemischtfarbigen Gruppen für Kübel und Kästen, in Steingärten, Steppen- und Geröllbeeten

Osterglocke
Narcissus-Hybriden

Höhe/Breite: 40–50 cm/10–15 cm
Blütezeit: März–April

Aussehen: eintriebige Zwiebelpflanze; große Blüten (Durchmesser 5–7 cm), gelb, auch weiße oder zweifarbige und gefüllte Sorten im Handel, zart duftend; Blätter linealisch, graugrün
Pflanzen: Zwiebeln im Herbst im Abstand von 10–15 cm eingraben; Boden feucht (aber nicht staunass) bis etwas trocken, sandig bis humos, nährstoffreich, ideal sind leicht saure Böden
Pflegen: gießen nur bei Trockenheit im Frühling, selten düngen (organische Dünger zum Austrieb), pflegeleicht, Samenstände abschneiden, Blätter einziehen lassen; Zwiebeln können im Boden bleiben
Gestalten: in Beeten, Kästen, Kübeln und Schalen mit anderen Frühlingsblumen kombinieren

 sonnig   halbschattig   schattig   viel gießen   mäßig gießen

Einfache Frühe Tulpe
Tulipa-Hybriden

Höhe/Breite: 25–40 cm/10–15 cm
Blütezeit: April

Aussehen: eintriebige Zwiebelpflanze; Blüten je nach Sorte weiß, gelb, orange, rosa, rot (Durchmesser bis 6 cm); Blätter breit zungenförmig, graugrün
Pflanzen: Zwiebeln im Herbst mit 10–15 cm Abstand eingraben; Boden mäßig trocken bis frisch (nicht nass), sandig-lehmig, humusarm
Pflegen: düngen während des Austriebs, Verblühtes entfernen; entweder im Sommer im Beet lassen oder nach dem Einziehen der Blätter Zwiebeln entnehmen und kühl und trocken bis zum Herbst lagern
Gestalten: in frühlingshaften Gruppen, auch in Trögen oder Töpfen, Schnittblume

Gefüllte Späte Tulpe
Tulipa-Hybriden

Höhe/Breite: 40–60 cm/10–15 cm
Blütezeit: Mai

Aussehen: eintriebige Zwiebelpflanze; Blüten alle Farben außer reinem Blau, je nach Sorte bis 8 cm Durchmesser; Blätter breit zungenförmig, graugrün
Pflanzen: Zwiebeln im Herbst mit 10–15 cm Abstand eingraben; Boden mäßig trocken bis frisch (nicht nass), sandig-lehmig, humusarm
Pflegen: düngen während des Austriebs, Verblühtes entfernen, Blätter einziehen lassen; hohe Sorten vor Wind schützen (stäben)
Gestalten: als lockere Gruppe im Staudenbeet zusammen mit farblich abgestimmten Blumen des Spätfrühlings

Papageientulpe
Tulipa-Hybriden

Höhe/Breite: 40–60 cm/10–15 cm
Blütezeit: Mai

Aussehen: eintriebige Zwiebelpflanze; mit auffällig geformten Blütenblättern, Rand zerschlitzt (Durchmesser ca. 8–10 cm), kräftig mehrfarbig, oft geflammt; Blätter breit zungenförmig, graugrün
Pflanzen: Zwiebeln im Herbst im Abstand von 10–15 cm eingraben; jeder nicht zu feuchte, normale Gartenboden
Pflegen: während des Austriebs düngen, Verblühtes entfernen, ggf. stützen; Zwiebeln nach dem Einzug der Blätter entnehmen und kühl bis zum Herbst lagern
Gestalten: wegen der auffallenden Blüten am besten in kleinen Gruppen als Blickpunkt in den Vordergrund setzen

▶ *Expertentipp*

Da das Angebot rasch wechselt, sollten Garten-Neulinge am besten nach altbewährten Sorten fragen.

▶ *Expertentipp*

Besonders bewährte Sorten sind 'Bonanza' (rot mit gelbem Rand) und 'Golden Nice' (gelb).

▶ *Expertentipp*

Empfehlenswert sind u. a. 'Fantasy' (60 cm hoch, lachsrosa) und 'Rococo' (35 cm hoch, karminrot).

 wenig gießen
 Schnittblume
 Bodendecker
 nicht winterharte Zwiebelpflanze
 giftig

Leuchtende Blütenteppiche

Kriechender Günsel
Ajuga reptans

Höhe/Breite: 15–20 cm/bis 50 cm
Blütezeit: April–Mai

Aussehen: heimische Wildstaude; Blüten leuchtend blau (Durchmesser 5–8 mm), in dichten, kerzenartigen Blütenständen), Sorten auch weiß, rosa, purpurrosa; Blätter spatelförmig, bräunlich grün
Pflanzen: als Containerpflanze ganzjährig möglich, Abstand 20–30 cm; Boden frisch bis feucht, nährstoffreich, lehmig, verträgt auch Nässe
Pflegen: im Frühling organisch düngen, wuchert und muss daher regelmäßig zurückgenommen werden; mäßig gießen (an sonnigen Standorten häufiger)
Gestalten: als Waldstaude bestens für naturnahe Wald- oder Strauchbeete geeignet; Sorten mit bunten Blättern als Bodendecker

Gefleckte Taubnessel
Lamium maculatum

Höhe/Breite: 15–40 cm/60 cm
Blütezeit: Mai–Juni

Aussehen: heimische Wildstaude; Blüten lilapurpurn, in Quirlen (Durchmesser bis 1 cm), Sorten auch weiß, rosapurpurn, violettrosa; Blätter eiförmig, gezähnt, graugrün
Pflanzen: als Containerpflanze ganzjährig möglich, Abstand 20–30 cm; Boden frisch bis feucht, locker, nährstoffreich, verträgt aber auch nassen Boden
Pflegen: im Herbst oder Frühling mit Humus mulchen, zu stark ausgebreitete Pflanzen entfernen; auf normalem Gartenboden nur bei längerer Trockenheit gießen
Gestalten: flächig unter Gehölzen oder im Schatten von Mauern und Hecken

Frühlings-Gedenkemein
Omphalodes verna

Höhe/Breite: 15–25 cm/30–60 cm
Blütezeit: März–Mai

Aussehen: starkwüchsige Staude; Blüten leuchtend blau mit weißer Mitte (Durchmesser ca. 1 cm); Blätter eiförmig, grasgrün
Pflanzen: als Containerpflanze ganzjährig möglich, Abstand 30–40 cm; Boden frisch bis feucht, jeder lockere Gartenboden, verträgt auch nassen Boden
Pflegen: im Spätwinter flach mit Humus abdecken und mulchen, wuchert und muss regelmäßig auf die gewünschte Größe zurückgenommen werden auf normalem Boden ist Gießen nur bei andauernder Trockenheit erforderlich
Gestalten: unter Gehölzen, vor Mauern, im beschatteten Randbereich von Beeten; die Pflanze ist zwar nicht heimisch, passt aber dennoch bestens in naturnahe Anlagen

 **Gute Partner**

- *Elfenblume* - *große Farne*
- *Frauenmantel*

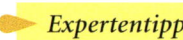 **Expertentipp**

Sorten mit silbrig panaschierten oder farbigen Blättern wirken heller und hellen düstere Bereiche auf.

Polsterphlox
Phlox-Subulata-Hybriden

Höhe/Breite: 5–15 cm/bis 60 cm
Blütezeit: April–Mai

Aussehen: polsterbildende Staude; Blüten je nach Sorte weiß, lilablau, violett, rosa und rot (Durchmesser 5–6 mm), blüht sehr üppig; Blätter linealisch, klein, mattgrün
Pflanzen: als Containerpflanze ganzjährig möglich, Abstand 50–60 cm; Boden mäßig trocken bis frisch, durchlässig, nährstoffreich
Pflegen: im Frühling mineralisch düngen, nach der Blüte zurückschneiden; damit das Polster kompakt bleibt (Nachblüte im Herbst möglich); Gießen nur bei längerer Trockenheit
Gestalten: als Bodendecker in Steingärten und auf besonnten Hängen, auf Mauerkronen, als Beeteinfassung von Rabatten; die Kombination verschiedenfarbiger Sorten schafft zur Blütezeit interessante Farbeffekte

Ysander
Pachysandra terminalis

Höhe/Breite: 20–30 cm/60 cm
Blütezeit: April–Mai

Aussehen: immergrüner, an der Basis verholzender Halbstrauch; Blüten weiß, unscheinbar, in kurzen, walzenförmigen Ähren, wenig auffällig; Blätter eiförmig, dunkelgrün
Pflanzen: als Containerpflanze ganzjährig möglich, Abstand 30–40 cm; Boden mäßig trocken bis frisch
Pflegen: äußerst anspruchslos, sparsam organisch düngen; nur bei anhaltender Trockenheit gießen (mehr, wenn der Standort mittags besonnt wird)
Gestalten: anspruchsloser, immergrüner Rasenersatz vor und unter hohen und niedrigen Gehölzen; auch als Sorte mit weiß panaschierten, dekorativen Blättern erhältlich

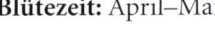 *Expertentipp*

Ysander ist auf großen Schattenflächen der beste unter den pflegeleichten Bodendeckern.

Kleines Immergrün
Vinca minor

Höhe/Breite: 10–20 cm/bis 1,2 m
Blütezeit: April–Mai

Aussehen: immergrüner, an der Basis verholzender Halbstrauch; Blüten lichtblau (Durchmesser 1 cm); die sehr ähnliche *Vinca major* hat etwa doppelt so große Blüten; Blätter lanzettlich, glänzend dunkelgrün
Pflanzen: als Containerpflanze ganzjährig möglich, Abstand 30–40 cm; Boden mäßig trocken bis feucht, locker, verträgt auch nassen Boden
Pflegen: ab und zu organisch düngen; bildet an Ausläufern neue Wurzeln und sollte daher regelmäßig zurückgenommen werden, dazu Tochterpflänzchen abschneiden und andernorts einpflanzen
Gestalten: guter Bodendecker unter Gehölzen, im Mauerschatten sogar im Vollschatten

Expertentipp

Nur zusammen mit starkwüchsigen Pflanzen gruppieren, da Immergrün schwächere Konkurrenten verdrängt.

---

 wenig gießen   Schnittblume   Bodendecker    nicht winterharte Zwiebelpflanze   giftig

Prachtvolles Frühlingsende

Akelei
Aquilegia vulgaris, A.-Hybriden

Höhe/Breite: 40–60 cm/10–15 cm
Blütezeit: Mai–Juni

Aussehen: relativ kurzlebige Staude; Blüten blau-violett, dazu weiße, hellblaue, rote, rosa und zweifarbige Sorten (Durchmesser ca. 5 cm); Blätter zusammengesetzt, bläulichgrün
Pflanzen: aus dem Container ganzjährige Pflanzung möglich; Abstand 50 cm (einzeln), 30 cm (Gruppe); Boden humusreich, frisch, durchlässig und locker
Pflegen: mäßig gießen, nur einige der auflaufenden Sämlinge stehen lassen (Verjüngung), da sonst die Selbstaussaat überhand nimmt
Gestalten: Wildform am besten in naturnahen Gärten (auch unter Gehölzen), farbigere Sorten als Blickpunkte ins Staudenbeet

Bartnelke
Dianthus barbatus

Höhe/Breite: 50–60 cm/20–30 cm
Blütezeit: Mai–August

Aussehen: zweijährige Blütenpflanze, bildet im ersten Jahr nur Blätter; Blüten je nach Sorte rot bis weiß (Durchmesser ca. 1 cm), Blätter lanzettlich, dunkelgrün
Pflanzen: Aussaat Juni-Juli, Blüte dann im nächsten Jahr (im Winter mit Reisig abdecken); durchlässiger, nährstoffreicher, ansonsten normaler Gartenboden, dicht säen und nach dem Auflaufen ausdünnen
Pflegen: im Frühling des zweiten Jahres mit Mineraldünger düngen
Gestalten: hervorragend für Bauerngärten, zwischen anderen Sommerblumen oder Stauden, gute Schnittblume; hinterlässt nach dem Abblühen eine Lücke

Hohe Bartiris
Iris-Barbata-Hybriden

Höhe/Breite: 60–120 cm/15 cm
Blütezeit: Mai–Juni

Aussehen: horstartig wachsende Staude; Blüten sehr auffällig und groß, alle Farben außer Rot (Durchmesser 8–10 cm); Blätter aufrecht, schwertförmig, graugrün
Pflanzen: Rhizome im Abstand von 20 cm flach einpflanzen (ab Juni nach der Blüte); Boden trocken, durchlässig, humusarm, sandig
Pflegen: abgestorbene Blätter im Frühling entfernen, Verblühtes abschneiden, nur bei längerer Trockenheit gießen; im Frühherbst mineralisch düngen
Gestalten: am besten als mehrfarbige Gruppe (kontrastreich oder Ton-in-Ton) im Hintergrund eines sonnigen Beetes

---

🔸 Expertentipp

Pflanzen Sie in kleinen Gruppen, damit die Lücken nach der Blütezeit schnell wieder gefüllt werden können.

🌼 Gute Partner

- Frauenmantel • Glockenblumen
- Stockrosen • andere Nelken

🌼 Gute Partner

- roter Mohn • graulaubige Stauden-Wolfsmilch • Salbei

Vergissmeinnicht
Myosotis sylvatica

Höhe/Breite: 15–30 cm/15 cm
Blütezeit: April–Juni

Aussehen: zweijährige, buschige Blütenpflanze; Blüten himmelblau, je nach Sorte auch andere Blautöne bis gelblich (Durchmesser 5 mm); Blätter lanzettlich, rau, stumpfgrün
Pflanzen: Aussaat im August direkt am Standort, Blüte im nächsten Jahr; im Winter mit Laub und Reisig abdecken; nährstoffreiche, lockere, humose, feuchte Böden
Pflegen: im Frühling düngen; einmal täglich gießen, vor allem bei höheren Temperaturen; sät sich am geeigneten Standort selbst aus
Gestalten: sehr schön in Bändern zwischen Tulpen, Narzissen und späten Krokussen, im Hintergrund von Strauchbeeten oder an Stellen, die nach der Frühjahrsblüte neu bepflanzt werden

Edel-Pfingstrose
Paeonia-Lactiflora-Hybriden

Höhe/Breite: 50–110 cm/60–90 cm
Blütezeit: Mai–Juni

Aussehen: langlebige, große Staude; herrliche, große Blüten, rot, rosa, weiß, auch gefüllt oder duftend (Durchmesser ca. 10 cm); Blätter doppelt dreizählig, tiefgrün, auch kupferfarben
Pflanzen: Wurzelstock im Frühherbst flach in den Boden legen, Abstand 1 m, mit 3 cm Erde bedecken; Boden mäßig trocken, nährstoffreich, tiefgründig
Pflegen: im Frühling Kompost oder organischen Dünger geben, ggf. Mulch entfernen, mäßige Düngung; aufbinden, damit die schweren Blüten nicht am Boden liegen; im September Verblühtes entfernen
Gestalten: einzelner Blickpunkt im Staudenbeet oder Bauerngarten

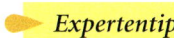
Expertentipp

Pfingstrosen können sehr alt werden. Sie sollten sich daher gut überlegen, wohin Sie die Staude pflanzen.

Türkischer Mohn
Papaver orientale

Höhe/Breite: 30–100 cm/60 cm
Blütezeit: Mai–Juni

Aussehen: imposante Staude mit großen, je nach Sorte weißen, rosa bis roten, allerdings nur kurzlebigen Blüten (Durchmesser bis 15 cm); Blätter groß, fiederartig eingeschnitten, borstig behaart, sattgrün
Pflanzen: aus dem Container ganzjährig im Abstand von 40–50 cm; Boden trocken bis frisch, durchlässig, verträgt keinen nassen Boden
Pflegen: beim Austrieb mineralisch düngen; Verblühtes abschneiden (einige Blüten wegen der hübschen Samenkapseln stehen lassen)
Gestalten: als Blickpunkte in den Beethintergrund (hinterlassen nach der Blüte Lücken), ideal für Bauerngärten

Expertentipp

Die Pflanze bildet eine lange Pfahlwurzel und kann daher nur in jungem Stadium versetzt werden.

---

 wenig gießen   Schnittblume   Bodendecker    nicht winterharte Zwiebelpflanze   giftig

Die ersten blühenden Sträucher

Kupfer-Felsenbirne
Amelanchier lamarckii

Höhe/Breite: 5–8 m/3–5 m
Blütezeit: April–Mai

Aussehen: buschiger Großstrauch oder kleiner Baum; cremeweiße Blüten in Trauben; Blätter beim Austrieb kupferrot, dann grün, im Herbst gelb bis orangerot
Pflanzen: ideal zum Pflanzen ist Spätherbst bis Frühling, aus dem Container auch ganzjährig; jeder normale, auch trockene Gartenboden, kalkhaltig
Pflegen: anspruchslos, Gießen nur bei längerer Trockenheit; keine speziellen Schnitt- und Pflegemaßnahmen notwendig
Gestalten: vor allem im Frühjahr und im Herbst sehr dekorativ in lockeren Blütenhecken oder als Solitär im Gartenhintergrund

Forsythie
Forsythia x intermedia

Höhe/Breite: bis 3 m/bis 2,5 m
Blütezeit: April

Aussehen: buschiger Großstrauch; noch vor dem Blattaustrieb überreich mit gelben Blüten übersät; Blätter klein, mattgrün
Pflanzen: ideal zum Pflanzen ist Spätherbst bis Frühling, aus dem Container auch ganzjährig; jeder normale Gartenboden, frisch, nährstoffreich
Pflegen: regelmäßig organisch düngen, alle 2–3 Jahre ältere Zweige zurückschneiden; Gießen nur bei längerer Trockenheit
Gestalten: in eine Strauchgruppe setzen; die Forsythie muss wegen der prachtvollen Blüten im Frühling gut sichtbar sein, die eher unscheinbaren Blätter sollten danach durch andere Sträucher kaschiert werden

Ranunkelstrauch
Kerria japonica 'Pleniflora'

Höhe/Breite: bis 2 m/bis 1,5 m
Blütezeit: Mai

Aussehen: reich blühender Strauch; Blüten gefüllt, goldgelb, in ca. 5 cm dicken, kugeligen Blütenständen; Blätter einfach, oval; Triebe auch im Winter kräftig grün
Pflanzen: ideal zum Pflanzen ist Spätherbst bis Frühling, aus dem Container auch ganzjährig; Boden feucht, nährstoffarm, möglichst schwach sauer bis neutral
Pflegen: anspruchslos, wenig düngen (sonst geringer Blütenansatz), regelmäßig alte und erfrorene Zweige bis zum Boden zurückschneiden
Gestalten: ideal als Bestandteil einer Hecke (dicht!) oder Strauchgruppe; als Solitär weniger geeignet

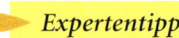 *Expertentipp*

Die Kupfer-Felsenbirne trägt wie die verwandte Kahle Felsenbirne (A. laevis) im Herbst rote, essbare Früchte.

Expertentipp

Als Solitärstrauch sollten Sie die Forsythie regelmäßig in Form schneiden; sie verträgt auch starken Rückschnitt.

Expertentipp

Der Ranunkelstrauch bildet Ausläufer, die Sie regelmäßig entfernen sollten, damit er nicht zu sehr wuchert.

 sonnig   halbschattig   schattig   viel gießen   mäßig gießen

Tulpenmagnolie
Magnolia x soulangeana

Höhe/Breite: bis 6 m/bis 4 m
Blütezeit: April–Mai

Aussehen: größerer Strauch mit unvergleichlich spektakulären Blüten, weiß bis rosa (Durchmesser bis 10 cm); Blätter groß, eiförmig, grün
Pflanzen: ideal zum Pflanzen ist Spätherbst bis Frühling, aus dem Container auch ganzjährig; Boden sauer bis neutral, feucht, nährstoffreich; verträgt weder Trockenheit noch verdichteten Boden
Pflegen: möglichst ungestört lassen, nicht schneiden, im Herbst Wurzelscheibe mulchen; mäßig gießen
Gestalten: als Solitär (auch in relativ kleinen Vorgärten), nach der Blüte allerdings wenig spektakulärer, ausladender Strauch

Japanische Zierkirsche
Prunus serrulata

Höhe/Breite: 4,5 m/4,5 m
Blütezeit: April–Juni

Aussehen: sehr variabler Großstrauch oder Baum, da viele Sorten im Angebot; Blüten weiß bis rosa, einfach bis gefüllt (Durchmesser bis 6 cm), aber alle mit prachtvoller Frühjahrsblüte; Blätter sattgrün mit prachtvoller Herbstfärbung
Pflanzen: ideale Pflanzzeit vom Spätherbst bis Frühling, aus dem Container auch ganzjährig; normaler Gartenboden, möglichst durchlässig, humusreich und kalkhaltig
Pflege: keine besonderen Schnitt- oder Pflegemaßnahmen notwendig, wächst am schönsten ungestört; nur bei längerer Trockenheit gießen
Gestalten: wegen der prachtvollen Blüte als Solitär oder gut sichtbar in einer lockeren Hecke

Edelflieder
Syringa vulgaris

Höhe/Breite: bis 6 m/bis 5 m
Blütezeit: Mai

Aussehen: großer Strauch oder Baum mit insgesamt über 900 Sorten in allen Blütenfarben, auch mehrfarbig; Blüten einfach oder gefüllt, duftend, in aufrechten Rispen; Blätter oval, zugespitzt, dunkelgrün
Pflanzen: ideale Pflanzzeit vom Spätherbst bis Frühling, aus dem Container auch ganzjährig; jeder normale, nährstoffreiche Gartenboden, möglichst kalkhaltig; verträgt auch trockene Standorte
Pflegen: zum Austrieb Kalidünger geben, Wildtriebe und Ausläufer entfernen; Verblühtes abschneiden
Gestalten: einzeln als Blickpunkt im Beethintergrund, in Hecken (Blühperioden beim Kauf beachten) und Strauchbeeten

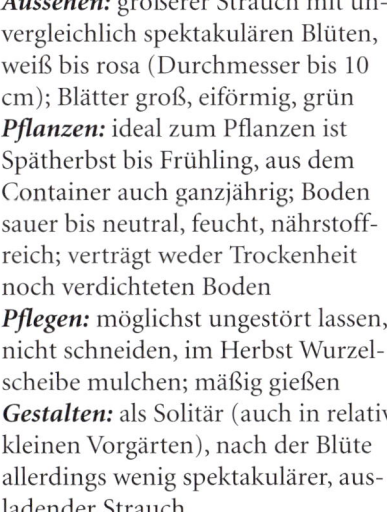

> *Expertentipp*
>
> *Lockern Sie die Wurzelscheibe nicht durch Graben auf, die flachen Wurzeln könnten beschädigt werden.*

> *Expertentipp*
>
> *Sie können wählen zwischen Sorten mit breiten, säulenförmigen oder überhängenden Kronen.*

Die schönsten Sommerblüher

Die Pflanzenauswahl für den Sommer ist nicht zuletzt deshalb so groß und prachtvoll, weil nun Temperaturen herrschen, in denen sich sogar »Exoten« wohl fühlen. Ob Staude oder Strauch, Ein- oder Zweijährige, Blattschmuckpflanze oder Gras – der Sommer hält für jeden Gärtner das Richtige bereit. Allerdings brauchen die Gartenblumen nun auch viel Zuwendung: Sie müssen regelmäßig gegossen, auf Krankheiten untersucht und ihre verwelkenden Blüten abgeschnitten werden.

Mit dem Ausklang des Frühlings beginnt die große Zeit des Gartens – und im Garten. Während die letzten Frühlingsblumen verblassen, treiben die ersten Sommerblüher aus, und hier und da zeigen sich bereits die ersten Blüten. Die Auswahl auf den folgenden Seiten soll Ihnen dabei helfen, die unterschiedlichsten Beete mit einer Grundausstattung von Sommerblumen zu versehen. Nutzen Sie den Spätfrühling/Frühsommer, um im Gartencenter nach geeigneten Containerpflanzen Ausschau zu halten. Noch ist es gut möglich, eine eventuelle Lücke durch die passende Staude zu schließen.

Kaufen Sie nicht planlos

Auch wenn das Angebot an Sommerblumen noch so verlockend erscheint, lassen Sie sich nicht unbedacht zum Kauf »verführen«. Beachten Sie stets das Thema Ihres Beetes: Stimmt der Standort (Sonne bis Schatten)? Passen die Blütenfarben zu den bereits vorhandenen Pflanzen? Fügt sich die Höhe in das wellige Auf und Ab Ihres Beetes ein? Sorgen eine interessante Wuchsform oder hübsches Laub für eine angenehme Auflockerung des Beetes? Ziehen Sie auf jeden Fall auch ein- oder zweijährige Pflanzen in Betracht. Fast immer handelt es sich dabei um reich blühende Arten und Sorten, die gezielt für üppige Farben sorgen. Im Unterschied zu Stauden, die jahrelang am selben Standort verbleiben, werden diese kurzlebigen Vertreter aus der Pflanzenwelt Jahr für Jahr neu eingepflanzt oder ausgesät. Pflanzensamen ist preiswert und vielseitig verwendbar. Beginnen Sie mit einigen wenigen, bewährten Sorten. Notieren Sie günstige und weniger günstige Pflanzen für die Folgejahre (am besten auf die Innenseiten der Samentütchen, dann haben Sie gleich den »Einkaufszettel« fürs nächste Mal). Alternativ bieten viele Gärtnereien vorgezogene Einjährige an, die wie Stauden gepflanzt werden und eine Lücke unmittelbar füllen.

Blütenpracht aus Zwiebeln und Knollen

Riesen-Lauch
Allium giganteum

Höhe/Breite: 80–150 cm/25–30 cm
Blütezeit: Juni–Juli

Aussehen: Zwiebelpflanze mit winzigen rotvioletten Blüten in bis zu 20 cm Durchmesser großen, kugeligen Blütenständen auf hohen, blattlosen Stielen
Pflanzen: Zwiebeln im Herbst des Vorjahres mit 20–30 cm Abstand eingraben; Boden trocken bis frisch, durchlässig, warm (besonnt); kümmert auf kargen Böden
Pflegen: Boden alle zwei Jahre organisch düngen, Blütenstiele nach der Blüte abschneiden (einzelne stehen lassen, um Samen zu gewinnen); nur bei längerer Trockenheit gießen
Gestalten: in kleinen Gruppen zusammen mit anderen, niedrigeren Zierlauch-Arten; auch in Staudenrabatten als attraktiver Blickfang

 **Gute Partner**

- Gräser • Katzenminze
- Pfingstrosen • Storchschnabel

Montbretie
Crocosmia x crocosmiiflora

Höhe/Breite: 60–80 cm/50–60 cm
Blütezeit: Juli–September

Aussehen: Zwiebelpflanze; Blüten rot bis orangerot, in langen, überhängenden, dichten Ähren, duftend; Blätter grasartig, hellgrün
Pflanzen: Zwiebeln im Abstand von 50–60 cm im Frühling eingraben; Boden mäßig trocken bis frisch, durchlässig, nährstoffreich
Pflegen: gelegentlich mineralischen Volldünger geben; nicht ganz winterhart, daher im Herbst abdecken, verträgt keine Winternässe (keinen Mulch aufhäufeln!); Laub im Frühling zurückschneiden; Vermehrung über Tochterzwiebeln möglich
Gestalten: in kleinen Gruppen zwischen Rabattstauden, wegen der horstartig wachsenden Blätter auch außerhalb der Blüte interessant

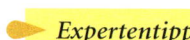 **Expertentipp**

In sehr rauen Gegenden sollten Sie die Zwiebel ausgraben und trocken überwintern.

Dahlie
Dahlia-Hybriden

Höhe/Breite: bis 150 cm/40–80 cm
Blütezeit: Juni–Oktober

Aussehen: Knollenpflanze; viele Sorten und Blütenfarben, außer Blau, vorhanden; Blüten ein-, zwei- oder mehrfarbig, einfach oder gefüllt; (Durchmesser bis 25 cm); Blätter länglich-eiförmig, dunkelgrün oder purpurfarben
Pflanzen: Knollen erst ab Ende April pflanzen, Abstand je nach Wuchsbreite; normaler Gartenboden, durchlässig, humusreich – keinesfalls nass
Pflegen: Kalidünger geben; nur bei längerer Trockenheit gießen; hohe Sorten stäben, nach den ersten Frösten zurückschneiden, ausgraben und frostfrei überwintern
Gestalten: einfache Sorten in Bauerngärten, gefüllte in Staudenbeeten, sehr auffällige als Solitär in der Rabatte oder in eigenen Dahlienbeeten

Beliebte Dahliensorten

Sorte Gruppe	Blütenfarbe Besonderheit	Wuchshöhe Blütengröße
Einfach blühende Dahlien		
'Andrea' Zwerg-Mignon-Dahlie	gelb gelbe Mitte	20–30 cm 2–4 cm
'Rosa-Zwerg' Zwerg-Mignon-Dahlie	rot gelbe Mitte	20 cm 2–4 cm
'Anna Karina' Mignon-Dahlie	weiß gelbe Mitte	40 cm 5–10 cm
'Roxy' Mignon-Dahlie	weinrot dunkles Laub	40 cm 5–10 cm
'Gartenparty' Hohe Mignon-Dahlie	gelborange gelbe Mitte	60 cm 5–10 cm
'Parkprinzess' Hohe Mignon-Dahlie	rosa gelbe Mitte	60 cm 5–10 cm
Halbgefüllte Dahlien		
'Bishop of Llandaff' Päonienblütige Dahlie	feuerrot dunkles Laub	100 cm 8–15 cm
'Cricket' Halskrausen-Dahlie	rot und gelb zweifarbig	90 cm 7–12 cm
'Comet' Anemonenblütige Dahlie	kastanien- braun	80–100 cm 7–12 cm
Gefüllte Dahlien		
'Golden Horn' Kaktus-Dahlie	orange geöhrte Blüten	80 cm über 15 cm
'Mairo' Schmuck-Dahlie	violett dicht gefüllt	100 cm über 15 cm
'Rotkäppchen' Ball-Dahlie	orangerot dunkles Laub	80–100 cm 10 cm
'Robina' Pompon-Dahlie	rubinrot kugelige Blüte	100 cm 5 cm

Edelgladiole

Gladiolus-Hybriden
Höhe/Breite: 40–140 cm/20–30 cm
Blütezeit: Juni–September

Aussehen: Knollenpflanze in vielen Sorten; Blüten alle Farbtöne bis auf reines Blau, auch zwei- oder mehrfarbig, zu mehreren auf 40–50 cm hohen Blütenständen; Blätter schwertförmig, hellgrün
Pflanzen: Knollen im Mai pflanzen, Abstand 15–20 cm; Boden weder zu nass noch zu trocken, durchlässig, nährstoffreich, humushaltig
Pflegen: nach dem Pflanzen Kaliumbetonten Volldünger geben, hohe Sorten stäben, bei längerer Trockenheit gießen; Ende Oktober herausnehmen und trocken und frostfrei überwintern
Gestalten: als Blickpunkt in kleinen Gruppen im Beethintergrund oder am Zaun

Königs-Lilie

Lilium regale

Höhe/Breite: 60–150 cm/30 cm
Blütezeit: Juli

Aussehen: Zwiebelpflanze; Blüten weiß mit gelbem Schlund, außen zart gestreift, intensiv duftend (Durchmesser ca. 6 cm); Blätter linealisch, dunkelgrün
Pflanzen: Zwiebeln möglichst im Herbst pflanzen, Abstand 20–30 cm; Boden frisch, nährstoffreich, humos, auch kalkhaltig
Pflegen: Austrieb bei Spätfrösten nachts abdecken, im Winter mit Humus und Mulch bedecken, unauffällig stützen, ab dem Spätfrühling auf leuchtend rote Käfer achten und absammeln (diese und ihre Larven fressen die Blätter ab)
Gestalten: als Blickpunkt zwischen niedrigen Stauden oder im Bauerngarten, immer 2–3 nebeneinander

Expertentipp

Gladiolen sind zudem sehr schöne und lange haltbare Schnittblumen für große Vasen.

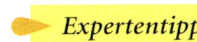
Expertentipp

Es gibt auch Lilienarten, die im Halbschatten gedeihen. Fragen Sie im Fachhandel danach.

 wenig gießen   Schnittblume  Bodendecker  nicht winterharte Zwiebelpflanze   giftig

Einjährige – nicht nur Lückenbüßer

Stockrose
Alcea rosea

Höhe/Breite: 1,6–2,2 m/40–60 cm
Blütezeit: Juli–September

Aussehen: zweijährige Sommerblume; Blüten weiß, gelb, rosa, purpurn bis rot, auch zweifarbig, einfach und gefüllt (Durchmesser 6–8 cm), in großen, kerzenartigen Blütenständen; Blätter rundlich, mattgrün
Pflanzen: einjährige Sorten im April/Mai, zweijährige im Juni/Juli aussäen; Boden mäßig trocken bis frisch, durchlässig, nährstoffreich
Pflegen: Boden reichlich organisch düngen, mit Kompost mulchen, hohe Sorten an Einzelstab festbinden; mäßig gießen
Gestalten: klassische Bauerngartenpflanze, entweder in kleinen, farblich abgestimmten Gruppen oder einzeln als hohe Blickpunkte, schön vor Zäunen oder besonnten Mauern

Ringelblume
Calendula officinalis

Höhe/Breite: 30–70 cm/15–20 cm
Blütezeit: Juni–September

Aussehen: einjährige Sommerblume; Blüten je nach Sorte creme, gelb, orange bis orangerot mit dunkler Mitte (Durchmesser 5 cm), einfach, halbgefüllt und gefüllt; Blätter oval, hellgrün, klebrig
Pflanzen: Aussaat April–Mai (erscheint durch Selbstaussaat in den Folgejahren von allein), nach dem Auflaufen nach Wunsch vereinzeln; Boden nährstoffreich, locker, auch etwas trocken, ziemlich anspruchslos
Pflegen: im Frühling Kompost oder Dünger geben, Verblühtes entfernen
Gestalten: Bauerngartenpflanze, als dichte Gruppe in Blumenbeeten, Begrenzung von Kräuter- und Gewürzbeeten

Sommer-Aster
Callistephus chinensis

Höhe/Breite: 20–90 cm/20–50 cm
Blütezeit: Juli–September

Aussehen: einjährige Sommerblume in großer Sortenvielfalt; Blüten weiß bis creme, gelb, alle Nuancen von Rot über Violett bis Blau, einfach, halbgefüllt und gefüllt, auch pomponartig; Blätter lanzettlich, grob gezähnt, dunkelgrün
Pflanzen: Aussaat Februar–April im Zimmer und dann nach den Eisheiligen ins Beet oder ab Ende Mai direkt ins Freiland; Boden nährstoffreich, frisch bis feucht, darf nicht austrocknen
Pflegen: im Frühling Volldünger geben, mit Kompost mulchen; regelmäßig gießen
Gestalten: als lockere Schwünge oder im Pulk pflanzen; ideale Begleitpflanze in einer Rabatte

 Gute Partner

- *Bauerngartenpflanzen* • *Phlox*
- *Rittersporn* • *Schmuckkörbchen*

Expertentipp

Die Ringelblume ist die beste Pflanze, um das Aussäen von Einjährigen zu erlernen; vermehrt sich leicht selbst.

Expertentipp

Saatgut mit einer einzigen Sortenfarbe kann gezielter in das Farbthema eines Beetes eingegliedert werden.

 sonnig   halbschattig   schattig   viel gießen    mäßig gießen

Ziertabak
Nicotiana sylvestris

Höhe/Breite: 100–150 cm/20–30 cm
Blütezeit: Juni–Oktober

Aussehen: einjährige Sommerblume; Blüten röhrenförmig, weiß, duftend (Durchmesser 5 mm, 1–2 cm lang), in lockeren Trauben; Blätter breit eiförmig, sattgrün
Pflanzen: Aussaat im Zimmer ab März, Jungpflanzen nach den letzten Frösten ab Mai ins Freie; Boden frisch, locker, nährstoffreich
Pflegen: Boden organisch düngen, mit Kompost mulchen, Verblühtes abschneiden; mäßig gießen
Gestalten: wirken sehr zierlich, gut zwischen Rabattenstauden im Mittelgrund des Beetes; ähnlich ist *Nicotiana* x *sanderae* mit weißen, gelben, rosa, roten und violetten Blüten; auch in Kästen und Kübeln

 **Gute Partner**

- *Raublatt-Astern* • *Rittersporn*
- *Schleier-Eisenkraut* • *Schmuckkörbchen*

Studentenblume
Tagetes-Patula-Hybriden

Höhe/Breite: 20–50 cm/20–30 cm
Blütezeit: Juni–Oktober

Aussehen: einjährige Sommerblume in vielen Sorten; Blüten gelb, orange, rotbraun, einfach, halbgefüllt und gefüllt (Durchmesser 3–4 cm); Blätter gefiedert, dunkelgrün, mit streng aromatischem Geruch
Pflanzen: Aussaat März–April im Zimmer, nach den Eisheiligen ins Beet oder ab Mai direkt ins Freie; normaler Gartenboden, feucht bis mäßig trocken, verträgt keine Staunässe
Pflegen: anspruchslos, Boden mit wenig organischem Dünger vorbereiten, mit Kompost mulchen, Verblühtes entfernen; mäßig gießen
Gestalten: gefüllte Sorten in Gruppen, einfache Formen teppich- oder bandartig anordnen; hübsche Randbepflanzung, auch für Kübel und Kästen

Zinnie
Zinnia elegans

Höhe/Breite: 30–100 cm/15–30 cm
Blütezeit: Juli–Oktober

Aussehen: einjährige Sommerblume in vielen Sorten; Blüten weiß, gelb, orange, rosa, rot, auch zweifarbig, einfach, halbgefüllt und gefüllt bis fast pomponartig (Durchmesser mehrere cm); Blätter eiförmig, sattgrün
Pflanzen: Aussaat im Haus ab April, ab Ende Mai ins Beet (Zinnien werden häufig vorgezogen angeboten); Boden etwas feucht, nährstoffreich, durchlässig
Pflegen: Boden düngen und mit Kompost abdecken; regelmäßig (täglich) gießen; hohe Sorten stäben, Verblühtes abschneiden
Gestalten: als farblich abgestimmte Gruppe zu anderen Sommerblumen oder Stauden, niedrige Sorten auch in Kästen und Kübeln

Expertentipp

Wegen des verwirrenden Angebots an Sortengruppen sollten Sie sich bei der Auswahl beraten lassen.

 wenig gießen   Schnittblume   Bodendecker    nicht winterharte Zwiebelpflanze   giftig

So blüht es im Frühsommer

Karpaten-Glockenblume
Campanula carpatica

Höhe/Breite: 20–30 cm/40–50 cm
Blütezeit: Juni–August

Aussehen: niedrige Staude; Blüten je nach Sorte violett bis blau, auch silberblau und weiß (Durchmesser bis 4 cm); Blätter klein, eiförmig, frischgrün
Pflanzen: als Containerstaude ganzjährig möglich, Abstand 20–30 cm; Boden durchlässig, auch trocken, auf keinen Fall staunass
Pflegen: sehr wenig düngen, sonst verliert die Staude ihre kompakte Wuchsform, zurückschneiden nach der Blüte, Jungpflanzen vor Schneckenfraß schützen; gießen nur in Trockenperioden
Gestalten: als Polster im Steingarten, im Vordergrund von Staudenbeeten, als Einfassung, auch in Fugen von Trockenmauern

Rittersporn
Delphinium-Elatum-Hybriden

Höhe/Breite: 1,2–2 m/30–60 cm
Blütezeit: Juni–Juli

Aussehen: imposante Staude; Blüten blau bis lila, auch weiß mit weißem oder dunklem Auge, 30–40 cm hohe Blütenstände; Blätter tief gelappt bis handförmig geteilt, frischgrün
Pflanzen: als Containerstaude ganzjährig möglich, Abstand 40–50 cm; Boden nährstoffreich, tiefgründig, lehmig
Pflegen: Volldünger im Spätfrühling, mit unauffälligem Stab stützen, zur Vermehrung teilen, Verblühtes abschneiden, um Nachblüte im August–September anzuregen; mäßig gießen
Gestalten: attraktive Blickpunkte sowohl in klassischen Beeten als auch im Bauerngarten; einzeln oder als kleine Gruppe

Feinstrahl-Aster
Erigeron-Hybriden

Höhe/Breite: 50–80 cm/30–40 cm
Blütezeit: Juni–Juli (September)

Aussehen: horstartig wachsende Staude; Blüten weiß, violett, rosa, rot und lila mit goldgelber Mitte (Durchmesser 6 cm); Blätter lanzettlich, stumpfgrün
Pflanzen: als Containerstaude ganzjährig möglich, Abstand 25–30 cm; Boden frisch, nährstoffreich, durchlässig, nicht zu schwer
Pflegen: nach der Blüte bis zum Boden zurückschneiden und düngen, um Nachblüte im Herbst anzuregen, alle paar Jahre teilen, ggf. stäben; mäßig gießen
Gestalten: viele Sorten in fein abgestimmten Farbnuancen erhältlich, daher als attraktive, farblich abgestimmte Gruppe in einer Rabatte

Expertentipp

Pflanzen Sie den Rittersporn nicht neben starkwüchsige Stauden oder Gehölze, er kümmert sonst.

 **Gute Partner**

- *Indianernessel* - *Margeriten*
- *Rittersporn* - *Sonnenbraut*

Taglilie
Hemerocallis-Hybriden

Höhe/Breite: 40–110 cm/40–60 cm
Blütezeit: Mai–August

Aussehen: horstartig wachsende Staude; Blüten in allen Farbtönen von Cremeweiß über Gelb und Orange bis zu Rosa, Rot und Braunrot, auch zweifarbig (Durchmesser bis 15 cm); Blätter riemenförmig, hellgrün
Pflanzen: als Containerstaude ganzjährig möglich, Abstand 50–60 cm; Boden mäßig trocken bis feucht, nährstoffreich, lehmig; an schattigen Standorten weniger blühfreudig
Pflegen: selten düngen, Verblühtes entfernen (ganz abgeblühte Blütenstiele am Boden abschneiden); mäßig gießen
Gestalten: sehr schön in Kombination mit mittelhohen, farblich abgestimmten Stauden

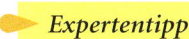 **Expertentipp**

Die Blüten halten nur einen Tag, werden aber ständig neu gebildet, so dass die Staude dauerhaft blüht.

Lupine
Lupinus-Polyphyllus-Hybriden

Höhe/Breite: 80–100 cm/50–60 cm
Blütezeit: Juni–Juli

Aussehen: üppig blühende Staude; Blüten weiß, gelb, violett, blau, rosa, rot und zweifarbig (Durchmesser 1–2 cm), in 40–50 cm hohen Blütenständen; Blätter handförmig geteilt, blaugrün
Pflanzen: als Containerstaude ganzjährig möglich, Abstand 30–40 cm; Boden mäßig trocken bis frisch, durchlässig, sandig, humusreich, kein kalkhaltiger Boden
Pflegen: im Frühling mit Kompost versorgen, Verblühtes regelmäßig zurückschneiden, kann nach der Blüte bis fast zum Boden abgeschnitten werden, um einen Neuaustrieb anzuregen; mäßig gießen
Gestalten: typische Staude für Bauern- und Cottage-Gärten, am schönsten in gemischtfarbigen Beeten

Hoher Phlox
Phlox-Paniculata-Hybriden

Höhe/Breite: 50–150 cm/bis 50 cm
Blütezeit: Juni–September

Aussehen: buschig wachsende Staude; Blüten weiß, violett, rosa, rot, karmin, häufig zweifarbig mit weißem oder andersfarbigem Auge (Durchmesser 1,5–2 cm), duftend; Blätter lanzettlich, dunkelgrün
Pflanzen: als Containerstaude ganzjährig möglich, Abstand 20–30 cm; Boden frisch bis feucht, aber durchlässig, nährstoff- und humusreich
Pflegen: im Frühling mit Humus oder organischem Dünger versorgen, hohe Sorten stützen; welkt leicht (Flachwurzler), daher regelmäßig einmal täglich gießen
Gestalten: Gruppen farblich aufeinander abgestimmter Sorten, als Nachbarn weiße oder blaue bis zartviolette blühende Stauden

Hochsommerliche Staudenpracht

Prachtspiere
Astilbe-Arendsii-Hybriden

Höhe/Breite: 60–120 cm/50–80 cm
Blütezeit: Juli–September

Aussehen: buschige Staude; Blüten je nach Sorte weiß, creme, rosa bis dunkelrot, lila, winzig, jedoch in großen, federartigen Blütenständen; Blätter mehrfach gefiedert, gezähnt, dunkelgrün
Pflanzen: als Containerstaude ganzjährig möglich, Abstand 40–60 cm; Boden feucht, lehmig, humusreich, auf keinen Fall heiße (lufttrockene) Standorte
Pflegen: regelmäßig organisch düngen und Kompost in den Boden einarbeiten; reichlich gießen (einmal täglich) und mit fein zerteiltem Strahl übersprühen
Gestalten: ideal für halbschattige Orte und im lichten Baumschatten

Silberkerze
Cimicifuga racemosa

Höhe/Breite: 1,5–2 m/50–90 cm
Blütezeit: Juli–August

Aussehen: buschige Staude; winzige weiße Blüten in 60 cm langen, schmalen Blütenständen; Blätter gefiedert, dunkelgrün
Pflanzen: als Containerstaude ganzjährig möglich, Abstand 40–50 cm; Boden locker, feucht, humusreich, auf keinen Fall besonnt oder trocken
Pflegen: mehrmals mit organischem Dünger versorgen, ansonsten ungestört lassen, da die Staude mehrere Jahre braucht, bis sie ihre volle Schönheit entfaltet; reichlich gießen, bei lang andauernder Trockenheit auch zweimal täglich
Gestalten: als isolierte Gruppe unter Gehölzen oder im Mauerschatten; hellt düstere Ecken auf

Sonnenbraut
Helenium-Hybriden

Höhe/Breite: 60–150 cm/30–50 cm
Blütezeit: Juni–September

Aussehen: reich blühende Staude; Blüten gelb, orange, rot, braun, auch zweifarbig, immer mit sehr dunkler Mitte (Durchmesser 3–4 cm); Blätter lanzettlich, sattgrün
Pflanzen: als Containerstaude ganzjährig möglich, Abstand 30–40 cm; Boden feucht, aber nicht staunass, nährstoffreich, lehmig
Pflegen: Verblühtes entfernen, hohe Formen stäben, ansonsten pflegeleicht; täglich gießen, auch bei lang andauernder Trockenheit sollte der Boden stets feucht bleiben
Gestalten: Sorten mit unterschiedlichen Blühzeiten zusammenstellen, niedrige Formen wegen der samtigen Farben in den Vordergrund, höhere als Gruppe in den Hintergrund

Expertentipp

Für lang andauernde Blüte sollten Sie Sorten mit unterschiedlichen Blütezeiten kombinieren.

Gute Partner

- *Funkien* • *Kletterpflanzen (Mauern)* • *Prachtspieren*

 sonnig   halbschattig   schattig   viel gießen   mäßig gießen

Sommer-Margerite
Leucanthemum x *superbum*

Höhe/Breite: 50–90 cm/30–50 cm
Blütezeit: Juni–September

Aussehen: breite, horstartige Staude; Blüten weiß mit gelber Mitte, je nach Sorte einfach, gefüllt oder halbgefüllt (Durchmesser ca. 5–6 cm); Blätter lanzettlich, glänzend dunkelgrün
Pflanzen: als Containerstaude ganzjährig möglich, Abstand 30–40 cm; Boden frisch, nährstoffreich, locker, weder sandig noch tonig
Pflegen: im Frühling reichlich organisch düngen, nach der Blüte stark zurückschneiden und nochmals düngen (Neuaustrieb und Zweitblüte im Herbst), alle 3–4 Jahre teilen; bei Trockenheit gießen
Gestalten: gruppenweise ins Sommerbeet, das Weiß der Blüte ist mit fast allen Farben kombinierbar; auch am nicht gemähten Wiesenrand

Indianernessel
Monarda-Hybriden

Höhe/Breite: 70–130 cm/20–50 cm
Blütezeit: Juli–September

Aussehen: aufrecht wachsende, nicht sehr langlebige Staude; Blüten in fast allen Rottönen, violett und weiß (Durchmesser 5–7 cm); Blätter schmal eiförmig, gezähnt, dunkelblaugrün, aromatisch duftend
Pflanzen: als Containerstaude ganzjährig möglich, Abstand 30–40 cm; Boden frisch, nährstoffreich, nicht auf schweren, tonigen Böden
Pflegen: im Frühling Kompost ins Beet einarbeiten, organisch düngen, hohe Sorten stäben, im Herbst zurückschneiden, alle 2–3 Jahre teilen; mäßig gießen, nur in Trockenperioden etwas mehr
Gestalten: gruppenweise als Blickpunkt im Staudenbeet

 *Gute Partner*

• *Feinstrahl-Astern* • *Glockenblumen* • *Gräser* • *Schleierkraut*

Sonnenhut
Rudbeckia-Arten

Höhe/Breite: 0,5–2 m/0,5–1m
Blütezeit: Juli–September

Aussehen: langlebige, reich blühende Staude; Blüten leuchtend gelb, meist mit dunkler Mitte, einfach und gefüllt (Durchmesser mehrere cm); Blätter eiförmig oder gelappt, dunkelgrün
Pflanzen: als Containerstaude ganzjährig möglich, Abstand je nach Art 30–60 cm; jeder gute Gartenboden, frisch, möglichst lehmig, locker und nährstoffreich
Pflegen: im Frühling düngen, abgeblühte Stängel entfernen, Jungpflanzen in rauen Regionen im Winter abdecken; täglich gießen, bei lang andauernder Trockenheit muss der Boden feucht bleiben
Gestalten: in Staudenbeeten, in denen kräftige Farben vorherrschen, auch an Zäunen, die als Stütze dienen; unbedingt in Bauern- oder Cottage-Gärten

Blüten mit Wildpflanzencharme

Frauenmantel
Alchemilla mollis

Höhe/Breite: 30–50 cm/40–60 cm
Blütezeit: Juni–August

Aussehen: Blüten grüngelb, klein, in 5–8 cm Durchmesser großen Blütenständen; Blätter rundlich, an den Rändern eingebuchtet, stumpfgrün
Pflanzen: als Containerstaude ganzjährig möglich, Abstand 30–40 cm; sät sich auch selbst aus; Boden nährstoffreich, möglichst lehmig oder tonig, frisch; nicht auf Sand
Pflegen: anspruchslos, im März das abgestorbene Laub des Vorjahres entfernen, im Frühjahr düngen, Verblühtes abschneiden und die Staude zurückschneiden; eher mäßig gießen
Gestalten: in farbigen Beeten vielseitig als ruhiger Pol kombinierbar, wirkt kontrastreich neben roten und ruhig mit blauen Blüten

Wald-Glockenblume
Campanula latifolia

Höhe/Breite: 80–100 cm/50–60 cm
Blütezeit: Juni–Juli

Aussehen: aufrecht wachsende Staude; Blüten blauviolett (Durchmesser 3–4 cm) in lockeren Trauben, auch eine reinweiße Sorte; Blätter länglich eiförmig, behaart, mattgrün
Pflanzen: als Containerstaude ganzjährig möglich, Abstand 40–60 cm; Boden frisch bis feucht, nährstoffreich, humushaltig, verträgt auch feuchtere Böden
Pflegen: im Frühling mit kompostiertem Rinderdung düngen, Austrieb vor Schneckenfraß schützen, im Herbst mulchen; mäßig gießen
Gestalten: für halbschattige Staudenbeete; optimal mit anderen Waldpflanzen unter großen Sträuchern und Bäumen als naturnahes Waldbeet

Schaublatt
Rodgersia podophylla

Höhe/Breite: 80–180 cm/60–75 cm
Blütezeit: Juni–Juli

Aussehen: Blattschmuckstaude; Blüten rahmweiß (Durchmesser wenige mm), in bis zu 50 cm hohen, verzweigten Rispen; Blätter handförmig geteilt, erst bronzefarben, dann dunkelgrün
Pflanzen: als Containerstaude ganzjährig möglich, Abstand ca. 1 m; Boden frisch bis feucht, durchlässig, nährstoffreich, humushaltig, verträgt auch nasse Böden
Pflegen: im Frühling abgestorbene Pflanzenteile zurückschneiden und Boden mineralisch oder organisch düngen, verblühte Rispen abschneiden; reichlich wässern
Gestalten: an Teichrändern oder unter großen Sträuchern, in Gruppen oder als Solitär

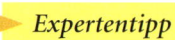 **Expertentipp**

Der früh austreibende Blattschmuck ist nicht nur hübsch, sondern unterdrückt auch das Unkraut.

Gute Partner

- Farne • Funkie • Schaublatt
- Silberkerze • Waldgeißbart

Expertentipp

Eine der besten Blattschmuckstauden für Schattenflächen; Sorten in verschiedenen Blattfarben erhältlich.

 sonnig   halbschattig   schattig   viel gießen   mäßig gießen

Sommer-Salbei
Salvia nemorosa

Höhe/Breite: 40–80 cm/30–40 cm
Blütezeit: Mai–August

Aussehen: aufrechte Staude; Blüten hell- bis dunkelviolettblau, klein, in ca. 20 cm langen Ähren, aromatisch duftend, sehr lange haltend; Blätter länglich eiförmig, stumpfgrün
Pflanzen: als Containerstaude ganzjährig möglich, Abstand 20–30 cm; Boden mäßig trocken bis frisch, durchlässig, nährstoffreich, keine schweren Böden
Pflegen: im Frühling organisch düngen, Pflanze nach der Blüte stark zurückschneiden (Nachblüte im September) und düngen; nur bei anhaltender Trockenheit gießen
Gestalten: für Bauerngärten z. B. als Randbepflanzung, als Kontrast zu gelb oder rot blühenden Stauden in Rabatten oder zwischen Rosen

Königskerze
Verbascum-Hybriden

Höhe/Breite: 1,2–1,8 m/40–60 cm
Blütezeit: Juni–August

Aussehen: kurzlebige Staude; Blüten meist gelb, Sorten auch rosa, purpurn, bernsteinfarben und weiß, in 30–60 cm langen Ähren; Blätter breit oval, grau-filzig, in grundständiger Rosette
Pflanzen: als Containerstaude ganzjährig möglich, Abstand 50 cm; Boden trocken bis mäßig trocken, durchlässig, nährstoffarm
Pflegen: Ähren nach der Blüte abschneiden (verlängert das Leben der Staude); nur bei anhaltender Trockenheit gießen
Gestalten: in bunten Bauerngärten oder als Blickpunkt in trockenen Rabatten zwischen orange und gelb gefärbten Sommerblumen

Silbergrauer Ehrenpreis
Veronica spicata ssp. *incana*

Höhe/Breite: 20–40 cm/20–40 cm
Blütezeit: Juni–August

Aussehen: teppichbildende Staude; Blüten dunkelblau bis tiefviolett, klein, in 15 cm langen Ähren; Blätter länglich eiförmig, sibergrau
Pflanzen: als Containerstaude ganzjährig möglich, Abstand 20–30 cm; Boden mäßig trocken bis frisch, durchlässig, mäßig nährstoffreich
Pflegen: nicht düngen, etwas Kompost reicht als Dünger aus; Stängel nach der Blüte zurückschneiden; mäßig gießen
Gestalten: wichtiger als die Blüten ist das graue Laub der Staude, es harmoniert hervorragend mit Beeten in pastellfarbenen Tönen und roten Rosen; gute Ergänzung zu Heide-, Stein- und Steppengärten

 **Gute Partner**

- *Bartiris* • *Feinstrahl-Astern*
- *Pfingstrosen* • *Rosen*

 Expertentipp

Die Königskerze kann nur über Samen vermehrt werden. An passenden Stellen sät sie sich leicht selbst aus.

Stauden mit attraktiven Blättern

Japan-Segge
Carex morrowii

Höhe/Breite: 40–50 cm/30–40 cm
Blütezeit: April

Aussehen: immergrünes Gras; kleine, gelbe Blüten in Ähren; Blätter breit, bogenförmig überhängend-dunkelgrün, die Sorte 'Variegata' mit cremeweißen Randstreifen
Pflanzen: als Containerstaude ganzjährig möglich, Abstand 50 cm; jeder normale Gartenboden, frisch bis feucht, verträgt weder Staunässe noch Trockenheit
Pflegen: gelegentlich organisch düngen; mäßig gießen, bei andauernden Trockenperioden häufiger
Gestalten: zwischen lichten Gehölzen oder im Schatten von Hecken und Mauern, hübsch auch in Waldbeeten oder schattigen Rabatten

Blauschwingel
Festuca cinerea

Höhe/Breite: 30–60 cm/20–30 cm
Blütezeit: Juni–Juli

Aussehen: halbkugelige Polster bildendes Gras; graugrüne Blütenrispen; schmale, graugrüne bis stahlblaue Blätter in dichten Horsten, manche Sorten mit intensiv blauen Blättern
Pflanzen: als Containerstaude ganzjährig möglich, Abstand 20–30 cm; Boden mäßig trocken bis trocken, humus- und nährstoffarm, verträgt keine Nässe
Pflegen: im Frühling Verwelktes/Erfrorenes entfernen, Blütenstiele nach der Blüte völlig zurückschneiden; nur bei andauernder Trockenheit gießen
Gestalten: einzeln oder in kleinen Gruppen zwischen Steingartenstauden oder in trockenen Rabatten

Funkie, Herzlilie
Hosta-Arten und -Hybriden

Höhe/Breite: bis 120 cm/30–100 cm
Blütezeit: Juni–August

Aussehen: vielgestaltige Blattschmuckstaude; Blüten weiß, hellviolett bis lilablau und purpurn (Durchmesser 1,5–2 cm); Blätter äußerst variabel in Form und Farbe, auch zweifarbig
Pflanzen: als Containerstaude ganzjährig möglich, Abstand je nach Sortenbreite; Boden lehmig, auch feucht, humushaltig
Pflegen: problemlos, im Frühjahr organischen Dünger (Mulch, Kompost) in den Boden einarbeiten, beim Austrieb unbedingt Schnecken bekämpfen
Gestalten: dauerhafter Blickpunkt unter Gehölzen, an Teichrändern, in absonnigen Staudenbeeten; verdeckt sehr gut einziehende Zwiebelblumen

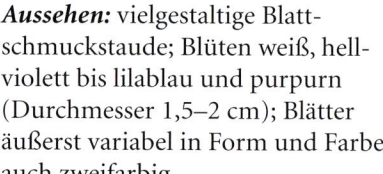

Expertentipp

Die bis 150 cm hohe Riesensegge (Carex pendula) können Sie auch auf verdichteten Boden pflanzen.

 **Gute Partner**

- Ehrenpreis • Glockenblumen
- Hornkraut (Cerastium)

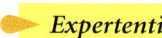 ### Expertentipp

Lassen Sie gut angewachsene Pflanzen am besten in Ruhe, sie werden dann sehr alt.

 sonnig   halbschattig   schattig   viel gießen    mäßig gießen

Straußfarn
Matteuccia struthiopteris

Höhe/Breite: 60–140 cm/bis 100 cm
Blütezeit: keine Blütenpflanze

Aussehen: Blattschmuckstaude, die Sporen ausbildet; doppelt gefiederte, frischgrüne Wedel, die trichterartig und relativ starr hochstehen
Pflanzen: als Containerstaude ganzjährig möglich, ideal ist jedoch der Herbst, da der Straußfarn im Folgejahr früh austreibt, Abstand 60–80 cm; Boden frisch bis feucht, locker, humusreich
Pflegen: mit Laubhumus mulchen, alle paar Jahre teilen, da er sich über Ausläufer ausbreitet; bei Trockenheit unbedingt gut wässern
Gestalten: im lichten Schatten waldartiger Gehölze oder unter Hecken, in einem oder wenigen Exemplaren; in zu dichtem Stand fällt die attraktive Wuchsform nicht auf

Lampenputzergras
Pennisetum alopecuroides

Höhe/Breite: 40–100 cm/bis 60 cm
Blütezeit: September–Oktober

Aussehen: schopfartige Horste bildendes Gras; lange Blütenähren mit fedrig wirkenden Grannen über schmalen, überhängenden Blättern (im Herbst goldgelb)
Pflanzen: als Containerstaude ganzjährig möglich, Abstand 60–70 cm; Boden mäßig trocken bis feucht, verträgt keine sehr trockenen, sandigen oder verdichteten Böden
Pflegen: im Frühling zurückschneiden, gelegentlich düngen; bei längerer Trockenheit gießen
Gestalten: als Einzelpflanze im Beet zwischen kleineren Stauden oder auf Hängen kommen die attraktiven, wunderschön überhängenden Ähren am besten zur Geltung

Hirschzungenfarn
Phyllitis scolopendrium

Höhe/Breite: 20–40 cm/20–30 cm
Blütezeit: keine Blütenpflanze

Aussehen: wintergrüne Blattschmuckstaude, die Sporen ausbildet; Blätter hellgrün glänzend, ungeteilt, zungenförmig mit leicht gewelltem Rand, aufrechter Wuchs
Pflanzen: als Containerstaude ganzjährig möglich, zum guten Anwachsen ist das Frühjahr allerdings besser, Abstand 20–30 cm; Boden frisch bis feucht, durchlässig, humusreich, auf keinen Fall an leicht austrocknenden Standorten
Pflegen: schon beim Pflanzen Torf beimischen, mit Laubkompost mulchen; regelmäßig gießen, in Trockenperioden sogar übersprühen
Gestalten: ideal für schattige, windgeschützte Gartenbereiche; gehört wegen seiner geringen Größe in den Vordergrund

 *Gute Partner*

- *Funkie* • *Glockenblumen*
- *Rhododendron*

 *Gute Partner*

- *Astern* • *Frauenmantel*
- *Herbst-Chrysanthemen*

Sommerblühende Sträucher

Waldrebe, Clematis
Clematis-Jackmannii-Hybriden

Höhe/Breite: bis 4 m/bis 2 m
Blütezeit: Juli–Oktober

Aussehen: sommergrüne Schling-pflanze; Blüten dunkelblau bis pur-purblau, auch rot und rosa (Durch-messer bis 10 cm); Blätter gefiedert, dunkelgrün
Pflanzen: am besten im Frühjahr, Abstand 20–30 cm, schräg und tief einpflanzen, mit Stab zu einer Klet-terhilfe leiten; Boden frisch, humus-reich, unbedingt locker
Pflegen: den Fuß der Pflanze gut be-schatten, im Frühling organisch düngen, regelmäßig auslichten, Ver-blühtes entfernen; bei Trockenheit durchdringend wässern
Gestalten: zusammen mit anderen Waldreben (Farbe und Blühperiode abstimmen) oder Kletterrosen, an Wänden, Pergolen oder Bögen

Perückenstrauch
Cotinus coggygria

Höhe/Breite: bis 5 m/bis 4 m
Blütezeit: Juni–Juli

Aussehen: sommergrüner Groß-strauch; winzige, weißliche Blüten in großen, wolkenartigen Rispen, bleiben lange erhalten, daraus ent-wickeln sich unmittelbar nach der Blüte perückenartige Fruchtstände; Blätter eiförmig, sattgrün, im Herbst orange bis rot
Pflanzen: als Containerstrauch ganzjährig möglich, Abstand 2–3 m; Boden trocken bis frisch
Pflegen: anspruchslos, möglichst nicht schneiden, Boden mulchen und nur wenig gießen
Gestalten: als Blickpunkt innerhalb einer lockeren Gehölzgruppe, im Einzelstand oder im Hintergrund eines Staudenbeetes

Waldgeißblatt
Lonicera periclymenum

Höhe/Breite: 5–7 m/bis 3 m
Blütezeit: Mai–Juli

Aussehen: sommergrüne Schling-pflanze; lange Röhrenblüten, weiß, gelb-weiß, lilarot bis purpurn (4–4,5 cm lang), duften abends beson-ders intensiv, ab August dunkelrote Beeren; Blätter oval, graugrün
Pflanzen: als Containerstrauch ganzjährig möglich, Abstand 30–40 cm, braucht Kletterhilfe; Boden durchlässig, nährstoffreich
Pflegen: anspruchslos, mulchen und im Frühling organisch düngen, gele-gentlich zu dichte Triebe auslichten, bei anhaltender Trockenheit gießen
Gestalten: hübsch vor Mauern; über Bögen und Pergolen, wächst auch über Gehölze

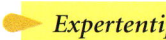

Expertentipp
Clematis-Arten blühen üppiger, ha-ben aber kleinere Blüten und erzeu-gen ein romantisches Flair.

Expertentipp
Die Sorte 'Royal Purple' mit ihren tief dunkelrot gefärbten Blättern ist besonders attraktiv.

Japanischer Schneeball
Viburnum plicatum f. *tomentosum*

Höhe/Breite: bis 2 m/bis 3 m
Blütezeit: Mai–Juni

Aussehen: sommergrüner Strauch; Blüten weiß in 6–8 cm breiten, flachen Rispen, selten auch ab September blauschwarze, giftige Beeren; Blätter breit elliptisch, sattgrün, im Herbst weinrot bis violett
Pflanzen: als Containerstrauch ganzjährig möglich, Abstand 2–3 m; Boden frisch
Pflegen: anspruchslos, gelegentlich organisch düngen, regelmäßig auslichten für eine lockere Form
Gestalten: kommt am besten zusammen mit anderen Sträuchern zur Geltung (Hecke, Gehölzgruppe); im Einzelstand sollte die Wuchsform durch regelmäßiges Auslichten ausgebreitet und locker gehalten werden

Weigelie
Weigela-Hybriden

Höhe/Breite: bis 3 m/bis 3 m
Blütezeit: Mai–Juli

Aussehen: sommergrüner Stauch; Blüten; je nach Sorte helles Rosa bis Dunkelrot, glockenförmig, stehen dicht an bogig überhängenden Zweigen; Blätter elliptisch, sattgrün
Pflanzen: als Containerstrauch ganzjährig möglich, Abstand je nach Breite der Sorte; normale, gepflegte Gartenböden, nährstoffreich
Pflegen: im Frühling organisch düngen und mulchen, regelmäßig in Form schneiden, abgeblühte, trockene Kurztriebe abschneiden; bei andauernder Trockenheit gießen
Gestalten: als einzelner Blickpunkt im Beethintergrund oder als Heckenstrauch (verträgt geringeren Abstand zu den Nachbarpflanzen)

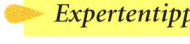
Expertentipp

Sehr robuster Strauch, der auch mit schlechterem Stadtklima zurechtkommt.

Weitere sommerblühende Sträucher

Name	Höhe	Blütenfarbe Blütezeit
Schmetterlingsstrauch (*Buddleja davidii;* Sorten)	3–4 m	weiß, rot, blau Juni–August
Schönfrucht (Callicarpa bodinieri)	2–3 m	blasslila Juni–Juli
Bartblume (*Caryopteris* x *clandonensis*)	1 m	blau August–Oktober
Säckelblume (*Ceanothus*-Arten)	bis 7 m	blau, rosa Juli–Oktober
Zistrosen (Cistus- Arten und -Sorten)	1–2 m	weiß Juni
Blumenhartriegel (*Cornus kousa*)	bis 7 m	weiß Juni
Kronwicke (*Coronilla*-Arten)	1–2 m	gelb Mai–Oktober
Zwergmispel (*Cotoneaster*-Arten)	meist unter 1 m	weiß bis rosa Mai–Juni
Deutzie (*Deutzia*-Arten)	1–2 m	weiß Mai–Juli
Fuchsie (Fuchsia magellanica u. a.)	meist unter 1 m	rot bis purpurn Juli–Oktober
Strauchveronika (Hebe-Arten)	50 cm	weiß Mai–Juli
Hibiskus (*Hibiscus syriacus;* Sorten)	2–3 m	weiß, blau, rot August–Oktober
Hortensie (*Hydrangea*-Arten)	0,5–3 m	weiß, rot, rosa, violett, blau Juni–September
Kalmie (*Kalmia angustifolia*)	1 m	purpurrot Juni–Juli
Mahonie (*Mahonia*-Arten)	1–3 m	gelb Mai–Juni
Sommerjasmin (*Philadelphus*-Arten)	1–4 m	weiß Juni–Juli
Spierstrauch (*Spirea*-Arten und Hybriden)	0,5–3 m	weiß, rosa, rot Mai–September

 wenig gießen  Schnittblume   Bodendecker  nicht winterharte Zwiebelpflanze   giftig

Rosen – die edelsten Blütenpflanzen

Kletterrosen
Rosa 'New Dawn'

Höhe/Breite: bis 4 m/2–4 m
Blütezeit: Juni–Oktober

Aussehen: öfter blühende Kletterrose; Blüten zartrosa-weißlich, fein duftend (Durchmesser ca. 5 cm), sitzen in dichten Büscheln, regenfest
Pflanzen: Rosen mit nackten Wurzelstöcken am besten im Herbst, Containerrosen ganzjährig; Boden nahrhaft, lehmig, vor dem Einpflanzen tiefgründig lockern und mit Humus anreichern
Pflegen: im Frühling mineralischen Volldünger, im August Kalimagnesia-Dünger geben, regelmäßig auslichten (Blüten bilden sich an Seitentrieben), Verblühtes abschneiden
Gestalten: für besonnte Wände (Kletterhilfe), aber nicht vor Südwänden, über Bögen und Pergolen

Strauchrosen
Rosa 'Schneewittchen'

Höhe/Breite: bis 1,5 m/1–1,5 m
Blütezeit: Juni–September

Aussehen: öfter blühende, breit buschige Strauchrose; Blüten weiß, teilweise rosa überhaucht, duftend, locker gefüllt (Durchmesser 7–8 cm), sitzen in großen Büscheln, regenfest
Pflanzen: Rosen mit nackten Wurzelstöcken am besten im Herbst, Containerrosen ganzjährig; Boden nahrhaft, lehmig, vor dem Einpflanzen tiefgründig lockern und mit Humus anreichern
Pflegen: im Frühling mineralischen Volldünger, im August Kalimagnesia-Dünger geben, nicht schneiden, nur erfrorene oder quer wachsende Triebe entfernen
Gestalten: erhöhter Blickpunkt in pastellfarbenen Beeten

Englische Rosen
Rosa 'Charles Austin'

Höhe/Breite: bis 150 cm/100 cm
Blütezeit: Juni–August

Aussehen: reich blühende Strauchrose; Blüten aprikosenfarbig, später rosa überhaucht, stark duftend, reich gefüllt (Durchmessser 8–9 cm)
Pflanzen: Rosen mit nackten Wurzelstöcken am besten im Herbst, Containerrosen ganzjährig; Boden nahrhaft, lehmig, vor dem Einpflanzen tiefgründig lockern und mit Humus anreichern
Pflegen: im Frühling mineralischen Volldünger, im August Kalimagnesia-Dünger geben, nicht schneiden, nur erfrorene, quer wachsende oder sehr alte Triebe entfernen
Gestalten: romantisch-nostalgischer Blickpunkt im Beethintergrund oder inmitten niedrigerer Rosen

> **Expertentipp**
> *Die »öfter blühenden« Rosen treiben mindestens zwei Blütengenerationen aus, manche sogar drei.*

> **Expertentipp**
> *Schneiden Sie nicht zu stark zurück, das hätte nur die Bildung langer, blütenarmer Triebe zur Folge.*

>  **Gute Partner**
> - *blauviolett blühende Waldreben*
> - *im Unterwuchs Lavendel*

Floribunda-Rosen
Rosa 'Queen Elizabeth'

Höhe/Breite: 1–1,8 m/ca. 1 m
Blütezeit: Juni–September

Aussehen: öfter blühende Beetrose; Haupt- und Seitenblüten auf langen Stielen (»büschelblütig«), lachsrosa, dann zu hellrosa aufhellend, duftend (Durchmesser 5–6 cm)
Pflanzen: : Rosen mit nackten Wurzelstöcken am besten im Herbst, Containerrosen ganzjährig; Boden nahrhaft, lehmig, vor dem Einpflanzen tiefgründig lockern und mit Humus anreichern
Pflegen: im Frühling mineralischen Volldünger, im August Kalimagnesia-Dünger geben, regelmäßig schneiden: starke Triebe auf 7, normale auf 5 und dünne auf 3 Augen zurückschneiden
Gestalten: entweder in ein eigenes Rosenbeet oder als Solitär in eine farblich abgestimmte Staudenrabatte

Teehybriden
Rosa 'Erotica'

Höhe/Breite: 80 cm/40–50 cm
Blütezeit: Juni–September

Aussehen: öfter blühende Edelrose; Blüten einzeln an langen Stielen (Durchmesser bis 10 cm), samtig dunkelrot, gefüllt, stark duftend, wetterfest
Pflanzen: Rosen mit nackten Wurzelstöcken am besten im Herbst, Containerrosen ganzjährig; Boden nahrhaft, lehmig, vor dem Einpflanzen tiefgründig lockern und mit Humus anreichern
Pflegen: im Frühling mineralischen Volldünger, im August Kalimagnesia-Dünger geben, regelmäßig schneiden: starke Triebe auf 7, normale auf 5 und dünne auf 3 Augen zurückschneiden; Verblühtes entfernen, um neue Blüten anzuregen
Gestalten: zusammen mit anderen Rosen im Beet oder als Blickpunkt zwischen niedrigeren Stauden und Ziergräsern

Zentifolien
Rosa centifolia

Höhe/Breite: bis 2 m/1–1,5 m
Blütezeit: Juni–August

Aussehen: einmal blühende Strauchrose; Blüten je nach Sorte weiß, rosa, silberrosa oder rot, stark duftend (Durchmesser 7–8 cm), locker bis dicht gefüllt, teils geviertelt, reich und lange blühend
Pflanzen: Rosen mit nackten Wurzelstöcken am besten im Herbst, Containerrosen ganzjährig; Boden nahrhaft, lehmig, vor dem Einpflanzen tiefgründig lockern und mit Humus anreichern
Pflegen: im Frühling mineralischen Volldünger, im August Kalimagnesia-Dünger geben, ungestört lassen, im Frühling nur auslichten
Gestalten: alte Rose für Bauerngärten oder kombiniert mit anderen Rosenformen im Rosenbeet; auch hübsch als Solitär oder in lockerer Hecke

wenig gießen

Schnittblume

Bodendecker

nicht winterharte Zwiebelpflanze

giftig

Leuchtende Herbstfarben

Es ist ein weit verbreitetes Vorurteil, dass im Herbst nur das farbige Laub der Gehölze für Farbe im Garten sorgt. Selbstverständlich kann die Auswahl an Herbstblühern nicht mit dem Frühling oder Sommer konkurrieren, aber sie ist immer noch groß genug, um prächtige Beete zu gestalten. Denken Sie nur an die riesige Sortenauswahl an verschiedenfarbigen Astern. Bei geschickter Auswahl der Arten können Sie die Blütezeit sogar bis fast zum ersten starken Frost hinausziehen.

Ab dem Spätsommer und Frühherbst beginnt Ruhe im Garten einzukehren. Die Blüten werden seltener, die meisten Insekten haben sich bereits in die Winterruhe zurückgezogen, und die Außentemperaturen laden nur noch selten zum Kaffeetrinken auf der Terrasse ein. Dennoch ist jetzt nicht die Zeit, sich vorzeitig in den Winter zu träumen. Wenn Sie bei den Sommerblumen regelmäßig Verblühtes entfernt haben, treiben einige davon nun nochmals Blüten aus – wenn auch nicht ganz so üppig wie zur Hauptblütezeit.

Vor allem jedoch schlägt nun die Stunde der eigentlichen Herbstblüher. Während die übrigen Stauden blühten, haben sie die Kraft der Sonne genutzt, um zu wachsen und Blätter zu bilden. Jetzt erst erscheinen ihre Blüten und verwandeln das herbstliche Beet in eine Augenweide.

Planung ist alles

Wegen ihrer späten Blütezeit sollten Sie die Herbstblüher in den Beethintergrund pflanzen, damit die Sommerblüher nicht verdeckt werden. Kleinere, inzwischen verblühte Sommerstauden können stehen bleiben, sie sorgen oftmals mit ihrer Wuchsform für einen interessanten Vordergrund. Zu hohe Sommerblumen sollten Sie zurückschneiden. Die meisten Herbstblüher kommen in Gruppen besonders vorteilhaft zur Geltung, in denen ihre Blüten zu warmen Farbflächen verschmelzen.

Passend zur Jahreszeit sind Gelb-, Gold- und Rottöne – das Angebot lässt kaum Wünsche offen. Achten Sie bei der Pflanzenauswahl auch auf ansprechendes Laub und abwechslungsreiche Wuchsformen. Sollte es aber immer noch an Farbe mangeln, gibt es einen einfachen Trick: Kaufen Sie noch einmal vorgezogene, blühende Pflanzen und bepflanzen Sie damit flache Schalen. Diese kommen dann mitten ins Beet zwischen die anderen Pflanzen. Im Idealfall sollte die Schale unsichtbar bleiben.

Herbstblüher – jedes Jahr neu kombiniert

Löwenmäulchen
Antirrhinum majus

Höhe/Breite: 20–100 cm/15–45 cm
Blütezeit: Juni–September

Aussehen: einjährige Blütenpflanze; Blüten in allen Farben außer Blau, auch zweifarbig; (Durchmesser 1–3 cm) in hohen Blütenständen; Blätter schmal eiförmig, sattgrün, leicht klebrig
Pflanzen: Aussaat ab Januar im Zimmer, Pflänzchen ab Mai ins Beet oder ab Ende Mai direkt ins Freiland säen (späte Saaten bis Juli); normaler Boden, locker, nährstoffreich
Pflegen: Boden vor dem Auspflanzen organisch düngen und mit Kompost verbessern, Verblühtes abschneiden, hohe Sorten stäben; mäßig aber regelmäßig gießen
Gestalten: in bunter Mischung als Farbtupfer in Beeten, hohe Sorten im Hintergrund, niedrige am Rand

Schmuckkörbchen
Cosmos bipinnatus

Höhe/Breite: 5–110 cm/50–66 cm
Blütezeit: Juni–Oktober

Aussehen: einjährige Blütenpflanze; Blüten weiß, rosa bis karminrot, gelbe Mitte (Durchmesser ca. 5 cm); Blätter fein gefiedert, hellgrün
Pflanzen: Aussaat ab Ende März im Zimmer, ab Mitte April Jungpflanzen ins Beet, oder ab Ende Mai direkt ins Freiland säen; Boden frisch, locker, nährstoffreich
Pflegen: Boden vor dem Auspflanzen organisch düngen und mit Kompost verbessern, hohe Sorten stäben, Verblühtes abschneiden; täglich gießen und stets auf feuchten Boden achten
Gestalten: wunderbar für Bauerngärten, schön als kleine Gruppe im Staudenbeet, auch in Gefäßen

Herbst-Krokus
Crocus speciosus

Höhe/Breite: 10–15 cm/5–10 cm
Blütezeit: September–November

Aussehen: eintriebige Zwiebelpflanze; Blüten violettblau (Durchmesser ca. 4 cm), Sorten auch weiß, lavendel, dunkel geadert und mit hellem Schlund; Blätter schmal lineal, sattgrün mit weißem Mittelstreifen
Pflanzen: Zwiebeln im Juli-August stecken, danach ungestört lassen, Abstand 5–10 cm; Boden frisch, durchlässig
Pflegen: alle paar Jahre im Herbst düngen, mulchen; die Blätter ziehen ein, nur bei andauernder Trockenheit gießen
Gestalten: immer als lockere Gruppe pflanzen, im Beet zwischen Schatten spendenden Sommerstauden, unter Gehölzen oder am Rasenrand

 Expertentipp

Wenn Sie die Jungpflanzen entspitzen, werden sie buschiger und blühen reichhaltiger.

 Gute Partner

- *Astern* • *Indianernessel*
- *Phlox* • *Spinnenblume*

Expertentipp

Im Sommer vor Sonne schützen und keine starkwüchsigen Stauden in der Nachbarschaft anpflanzen!

 sonnig   halbschattig   schattig   viel gießen   mäßig gießen

Herbst-Alpenveilchen
Cyclamen hederifolium

Höhe/Breite: 10 cm/20–30 cm
Blütezeit: September–Oktober

Aussehen: Knollenpflanze; Blüten weiß, rosa, karminrot (Durchmesser 1–2 cm), duftend, auf unbeblätterten Stielen; Blätter herzförmig, dunkelgrün mit silbriger Zeichnung
Pflanzen: Knollen im Frühling setzen, die Wurzeln müssen nach oben (!) schauen, Abstand 10–20 cm; Boden reichlich mit Laubhumus anreichern, frisch bis mäßig trocken, durchlässig
Pflegen: Standort markieren, denn die Blätter wachsen erst nach der Blüte aus und ziehen im nächsten Frühling ein, in rauen Gegenden im Winter mit Reisig abdecken
Gestalten: gruppenweise unter lichten Sträuchern, zwischen Laubhumus im Waldbeet

Kapuzinerkresse
Tropaeolum-Hybriden

Höhe/Breite: 30–300 cm/0,5–1 m
Blütezeit: Juli–Oktober

Aussehen: buschige, kriechende oder kletternde einjährige Sommer- und Herbstblume; Blüten gelb, orange, hell- bis dunkelrot, scharlachrot, halbgefüllt und gefüllt (Durchmesser bis 5 cm); Blätter rund, grasgrün, aromatisch duftend
Pflanzen: Aussaat im Zimmer ab März, Anfang Mai ins Freiland oder ab Mai gleich ins Freiland säen; Boden mäßig trocken bis feucht, humos und durchlässig
Pflegen: anspruchslos; bei zu reichen Düngergaben Vermehrung der Blattmasse; mäßig gießen, etwas mehr bei andauernder Trockenheit
Gestalten: kletternde Sorten als Begrünung von Zäunen oder Spalieren, Bodendecker für große Flächen

Eisenkraut, Verbene
Verbena-Hybriden

Höhe/Breite: 20–40 cm/20–40 cm
Blütezeit: Juni–September

Aussehen: einjährige, buschige Sommer- und Herbstblume; Blüten weiß, rosa, lachsfarben, rot, blaurot, violett, oft mit weißem Auge, auch zweifarbig (Durchmesser ca. 1 cm); Blätter schmal eiförmig, dunkelgrün, Oberfläche runzelig
Pflanzen: ab Februar im Zimmer aussäen, Verbenen sind Kaltkeimer (Samen keimen besser, wenn sie in gequollenem Zustand einige Tage im Kühlschrank liegen), ab Ende Mai ins Beet; Boden frisch bis mäßig trocken, durchlässig, nährstoffreich, nicht staunass oder verfestigt
Pflegen: Boden vor dem Auspflanzen organisch düngen, bei Trockenheit gießen
Gestalten: gruppenweise in Lücken auf spätsommerlichen Beeten

 **Expertentipp**

Achten Sie darauf, dass die Pflanzen nicht von starkwüchsigen Stauden überwuchert werden.

Expertentipp

Kapuzinerkresse eignet sich wegen der dichten Blattmasse sehr gut zum Begrünen von Komposthaufen.

Herbst im Staudengarten

Herbst-Eisenhut
Aconitum carmichaelii

Höhe/Breite: 100–140 cm/ca. 40 cm
Blütezeit: September–Oktober

Aussehen: horstartig wachsende Staude; Blüten mittelblau bis lila (Durchmesser 1–2 cm), in bis 30 cm hohen Blütenständen; Blätter drei- bis fünfteilig geschlitzt, sattgrün
Pflanzen: als Containerstaude ganzjährig möglich, Abstand 20–30 cm; Boden ausreichend feucht, darf nicht austrocknen, nährstoffreich
Pflegen: im Frühling reichlich organisch düngen, nach der Blüte ganz zurückschneiden; vor allem bei Trockenheit reichlich gießen
Gestalten: am schönsten am Gehölzrand und im Naturgarten, in halbschattigen Rabatten als Blickpunkt zwischen niedrigeren Stauden

Japan-Anemone
Anemone-Japonica-Hybriden

Höhe/Breite: 60–140 cm/0,6–1 m
Blütezeit: August–Oktober

Aussehen: Ausläufer bildende Staude; Blüten zartrosa bis weiß, violettrosa, purpurrosa, karmin- und dunkelrot (Durchmesser ca. 2 cm), auch halbgefüllt; Blätter dreiteilig, stumpfgrün
Pflanzen: als Containerstaude ganzjährig möglich, Abstand 40–50 cm; Boden frisch bis feucht, nährstoff- und humusreich, verträgt auch nassen Boden
Pflegen: mit Kompost, organischem Dünger oder Mist versorgen, im Herbst mulchen, bei Frost abdecken, wuchernde Pflanzen nach Bedarf teilen; reichlich gießen
Gestalten: unter Laubgehölzen oder in schattigen Bereichen von Beeten, auch im Mauerschatten

Raublatt-Aster
Aster novae-angliae

Höhe/Breite: 1–1,6 m/50–70 cm
Blütezeit: September–Oktober

Aussehen: robuste, aufrecht wachsende Staude; Blüten weiß, leuchtend rosa, karmin- und purpurrot, hellrosa, violett bis lavendelblau (Durchmesser meist 2–4 cm); Blätter breit lineal, stumpfgrün, behaart
Pflanzen: als Containerstaude ganzjährig möglich, Abstand 30–40 cm; Boden frisch, nährstoffreich, kurzzeitig auch trocken, keine schweren, verfestigten Böden
Pflegen: im Frühling organisch düngen, gelegentlich Kalidünger, Rückschnitt nach der Blüte; bei anhaltender Trockenheit gießen
Gestalten: im Beethintergrund, am besten in farblich aufeinander abgestimmten, kleinen Gruppen

---

Expertentipp

Der Pflanzensaft des Herbst-Eisenhutes ist giftig, tragen Sie daher beim Schneiden am besten Handschuhe!

 Gute Partner

- Farne und Gräser • Eisenhut
- Silberkerze

Expertentipp

Raublatt-Astern sind anspruchsloser und robuster als die ähnlichen Glattblatt-Astern.

Glattblatt-Aster
Aster novi-belgii

Höhe/Breite: 60–140 cm/50–80 cm
Blütezeit: September–Oktober

Aussehen: aufrecht wachsende Staude in vielen Sorten; Blüten weiß, rosa, karminrot, hell- bis dunkelblau, violett, lila, immer mit gelber bis brauner Mitte (Durchmesser bis 6 cm), bleiben auch bei Regen geöffnet; Blätter lanzettlich, dunkelgrün, glatt
Pflanzen: als Containerstaude ganzjährig möglich, Abstand 30–40 cm; Boden frisch bis feucht, nährstoffreich, humos, lehmig, kein sandiger Boden
Pflegen: im Frühling organisch oder mineralisch düngen, hohe Sorten stäben, nach der Blüte zurückschneiden; regelmäßig gießen
Gestalten: eine der wichtigsten Blütenstauden in herbstlichen Staudenbeeten

 **Gute Partner**

- andersfarbige Herbst-Astern
- Goldrute • Chinaschilf

Purpur-Fetthenne
Sedum telephium

Höhe/Breite: 40–60 cm/bis 60 cm
Blütezeit: Juli–September

Aussehen: breit horstartig wachsende sukkulente Staude; Blüten je nach Hybride und Sorte rosa bis purpur- oder braunrot, Einzelblüte winzig, Blütenstände bis über 30 cm breit; Blätter oval, fleischig, graugrün
Pflanzen: als Containerstaude ganzjährig möglich, Abstand 30–40 cm; Boden trocken bis frisch, durchlässig (möglichst hoher Sand- oder Kiesanteil)
Pflegen: sehr anspruchslos, nur alle 3–4 Jahre düngen
Gestalten: am besten in den Hintergrund von Steingärten oder Staudenbeeten

Expertentipp

Die Blütenstände der Purpur-Fetthenne eignen sich sehr gut für herbstliche Trockensträuße.

Weitere schöne Herbst-Astern

Name	Höhe	Blütenfarbe Blütezeit
Kissenastern (*Aster-Dumosus*-Hybriden)		
'Herbstgruß vom Bresserhof'	50 cm	rosa September
'Jenny'	30 cm	violettpurpurn Sept.–Okt.
'Kassel'	40 cm	karminrot August–Sept.
'Nesthäkchen'	25 cm	rosa September
'Schneekissen'	30 cm	reinweiß September
'Silberblaukissen'	40 cm	blausilbrig September
'Wachsenburg'	50 cm	rosa Sept.–Okt.
Myrtenastern (*Aster ericoides*)		
'Erlkönig'	120 cm	blau Sept.–Okt.
'Ringdove'	90 cm	rosa Sept.–Okt.
'Schneetanne'	100 cm	weiß Sept.–Okt.
Raublattastern (*Aster novae-angliae*)		
'Andenken an Alma Pötschke'	100 cm	lachsrot Sept.–Okt.
'Herbstschnee'	140 cm	weiß Sept.–Okt.
Glattblattastern (*Aster novi-belgii*)		
'Bonningdale White'	100 cm	weiß Sept.–Okt.
'Royal Ruby'	60 cm	violettblau Sept.–Okt.
'Schöne von Dietlikon'	90 cm	violettblau Sept.–Okt.

 wenig gießen

 Schnittblume

 Bodendecker

 nicht winterharte Zwiebelpflanze

 giftig

Herbstlich bunte Blätter

Japanischer Fächerahorn
Acer palmatum

Höhe/Breite: 4–6 m/2–5 m
Blütezeit: Mai–Juni

Aussehen: dekorativer, langsam wachsender Baum oder Großstrauch; Blüten purpurrot in Trauben, später geflügelte Nüsschen; Blätter gelappt, je nach Sorte grün bis dunkelrot, orangerote Herbstfärbung
Pflanzen: als Containergehölz ganzjährig möglich; Boden durchlässig, schwach sauer, etwas feucht
Pflegen: ungestört lassen, nicht beschneiden, nur erfrorene oder beschädigte Zweige entfernen; bei Trockenheit durchdringend gießen
Gestalten: unbedingt als Solitär verwenden, damit Wuchsform und Blätter optimal zur Geltung kommen

Pampasgras
Cortaderia selloana

Höhe/Breite: 1,2–2,6 m/1,5–1,8 m
Blütezeit: September–Oktober

Aussehen: dekorative Grasstaude; Blüten in silbrigweißen Rispen (50–70 cm hoch); lange Blätter mit scharfen Rändern in hohen Horsten
Pflanzen: als Containerstaude ganzjährig möglich, Abstand 100–150 cm; Boden frisch, durchlässig, nährstoffreich, verträgt auch kurzfristig trockene Standorte
Pflegen: reichlich düngen, im Spätherbst Blätter als Winterschutz zusammendrehen und mit trockenem Laub und Reisig einpacken; gießen nur bei längerer Trockenheit
Gestalten: sehr dominante Pflanze, die genügend Platz braucht und ihre beste Wirkung als Solitär erzielt, daher unbedingt einzeln stellen

Chinaschilf
Miscanthus sinensis

Höhe/Breite: 1–2,7 m/90–100 cm
Blütezeit: September–Oktober

Aussehen: große Horste bildende Grasstaude; Blüten in cremig-weißen, silbrigen, braun bis braunroten Rispen; schmale lange Blätter an bambusartigen Halmen, leicht überhängend
Pflanzen: als Containerstaude ganzjährig möglich, Abstand 60–100 cm; alle Gartenböden, frisch bis feucht, nährstoffreich
Pflegen: Blätter erst im Frühling vor dem Neuaustrieb zurückschneiden, kräftig düngen, aufgelaufene Sämlinge ausreißen; mäßig gießen, bei andauernder Trockenheit mehr
Gestalten: als Solitär am Gartenteich, als Blickpunkt im Hintergrund eines Beetes

 Expertentipp

Es gibt insgesamt rund 200 (!) Sorten vom Japanischen Fächerahorn – da fällt die Wahl nicht leicht.

Expertentipp

Die Blätter bleiben den ganzen Winter über attraktiv und sehen bei Raureif besonders zauberhaft aus.

 sonnig   halbschattig   schattig   viel gießen   mäßig gießen

Königsfarn
Osmunda regalis

Höhe/Breite: 60–200 cm/1,2–1,5 m
Blütezeit: keine Blütenpflanze

Aussehen: großer Farn; Blätter frischgrün, doppelt gefiedert mit länglich-eiförmigen Blättchen, gelbe bis gelbbraune Herbstfärbung
Pflanzen: als Containerstaude ganzjährig möglich, am besten jedoch im Frühjahr, Abstand mindestens 1 m; Boden feucht bis nass, locker, humusreich, sauer
Pflegen: beim Pflanzen Torf beimischen, regelmäßig mit Humus mulchen; vor allem sonnig stehende Farne reichlich gießen, bei anhaltender Trockenheit auch übersprühen
Gestalten: unter Gehölzen, im Hintergrund schattiger Beete, im Spätherbst wegen der Verfärbung der Wedel attraktiver Blickpunkt

Wilder Wein
Parthenocissus quinquefolia

Höhe/Breite: bis 15 m/bis 10 m
Blütezeit: Juni–Juli

Aussehen: Kletterstrauch; Blüten unscheinbar, ab September 5–7 mm breite, blauschwarze Früchte; Blätter mit leuchtend karminroter Herbstfärbung (an schattigen Standorten weniger ausgeprägt)
Pflanzen: als Containergehölz ganzjährig möglich, braucht ein Rankgerüst, an das die Jungtriebe festgebunden werden; jeder gepflegte Gartenboden
Pflegen: im Frühling organisch düngen, ungestört wachsen lassen, nur auslichten und störende Zweige entfernen; bei andauernder Trockenheit gießen
Gestalten: zur Begrünung von Fassaden und sichtbaren Mauern

Essigbaum
Rhus typhina

Höhe/Breite: bis 4 m/bis 6 m
Blütezeit: Juni–Juli

Aussehen: sommergrüner Laubbaum; Blüten grün in kerzenartigen Rispen, die sich ab August in rötliche Fruchtstände verwandeln; große, gefiederte Blätter, prachtvolle orangescharlachrote Herbstfärbung
Pflanzen: als Containergehölz ganzjährig möglich; normaler, trockener bis feuchter Boden
Pflegen: anspruchslos, keine besonderen Schnitt- und Pflegemaßnahmen, austreibende Ausläufer sofort entfernen, Baumscheibe mulchen
Gestalten: als Solitär mit reichlich Platz oder in einer tief gestaffelten Hecke oder Gehölzgruppe

 Expertentipp

Der heimische Königsfarn ist geschützt und darf keinesfalls ausgegraben werden!

 Expertentipp

Die verwandte Jungfernrebe (P. tricuspidata) klettert mit Haftscheiben und braucht keine Kletterhilfe.

Expertentipp

Die Sorte 'Dissecta' trägt farnartig zerteilte Blätter, 'Laciniata' geschlitzte Blätter.

 wenig gießen

 Schnittblume

 Bodendecker

 nicht winterharte Zwiebelpflanze

 giftig

Das ganze Jahr über grün

Fadenscheinzypresse
Chamaecyparis pisifera

Höhe/Breite: bis 5 m/bis 4 m
Blütezeit: März–Mai

Aussehen: immergrünes Nadelgehölz; Blüte unscheinbar, daraus entwickeln sich kleine, kugelige Zapfen; Nadeln schuppenförmig angeordnet, je nach Sorte goldgelb, bronzefarben, frischgrün bis silber-graublau
Pflanzen: als Containergehölz ganzjährig möglich, optimal ist der frühe Herbst; keine besonderen Ansprüche an den Boden, durchlässig, nicht zu trocken
Pflegen: anspruchslos; gelbnadelige Formen in rauen Wintern vor der Sonne und austrocknenden Winden schützen, an frostfreien Tagen im Winter gelegentlich gießen
Gestalten: flache Zwergformen in Steingärten oder an Hängen

Stechpalme
Ilex aquifolium

Höhe/Breite: 2–5 m/bis 4 m
Blütezeit: Mai

Aussehen: immergrünes Laubgehölz; Blüten weiß, unscheinbar, ab September zahlreiche rote oder orangegelbe Früchte (Durchmesser 7–10 mm, giftig); Blätter glänzend, ledrig, bestachelt, mittel- bis dunkelgrün, je nach Sorte auch weiß bis gelb gerandet oder graugrün marmoriert
Pflanzen: als Containergehölz ganzjährig möglich, optimal ist der frühe Herbst; Boden frisch, locker, humusreich, verträgt feuchte Böden
Pflegen: im Frühling organisch düngen, Wurzelbereich mulchen, je nach Bedarf in Form schneiden
Gestalten: entweder in Form geschnitten als regelmäßige Hecke oder frei wachsend in lockeren Hecken oder Gehölzgruppen

Wacholder
Juniperus communis

Höhe/Breite: bis 4 m/bis 1 m
Blütezeit: April–Mai

Aussehen: immergrünes Nadelgehölz; unscheinbare Blüten, daraus bilden sich ab September die Beerenzapfen, die im 2.–3. Jahr blauschwarz werden; spitze, blaugraue bis blaugrüne Nadeln
Pflanzen: als Containergehölz ganzjährig möglich, optimal ist der frühe Herbst; Boden locker, tiefgründig, mäßig nährstoffreich und trocken
Pflegen: anspruchslos; ältere Säulenwacholder eventuell unauffällig zusammenbinden
Gestalten: säulenförmige Sorten geben großen Heidegärten Höhe, sonst als Solitär; Zwergformen für kleine Heidegärten und Tröge, kriechende Formen als Bodendecker

Expertentipp

Da das Sorten-Angebot sehr umfangreich ist, sollten Sie sich in verschiedenen Baumschulen informieren.

Gute Partner

- *Ginster* • *Glockenheide*
- *Heidekraut* • *Schneeheide*

Weißfichte
Picea glauca

Höhe/Breite: bis 9 m/bis 2,5 m
Blütezeit: März–April

Aussehen: immergrünes Nadelgehölz, in vielen Sorten von groß bis klein erhältlich; Blüte unscheinbar, daraus bilden sich ab Oktober braune Zapfen ohne Schmuckwert; Nadeln starr, blaugrün und dicht
Pflanzen: als Containergehölz ganzjährig möglich, optimal ist der frühe Herbst; Boden nährstoffreich, frisch bis etwas feucht, toleriert sowohl leicht saure als auch basische Böden
Pflegen: anspruchslos; kein Schnitt, allenfalls störende Triebe herausnehmen; Gießen bei andauernder Trockenheit
Gestalten: die Sorten eignen sich gut für kleine Gärten, Kegelformen als Blickpunkte im Beet, flach wachsende Zwergformen für Steingärten und Tröge, aber auch für Balkonkästen und Kübel

Bergkiefer
Pinus mugo

Höhe/Breite: bis 3 m/1bis 4 m
Blütezeit: April–Mai

Aussehen: immergrünes Nadelgehölz in verschiedenen Sorten; männliche Blüten ährenartig, weibliche unscheinbar, aus ihnen entwickeln sich ab Juli eiförmige, braune Zapfen; starre, zu zweit stehende Nadeln
Pflanzen: als Containergehölz ganzjährig möglich, optimal ist der frühe Herbst; mäßig feuchter, durchlässiger Boden, aber auch trockener, nährstoffarmer Boden
Pflegen: anspruchslos, kein Schnitt, damit die sortentypische Form entstehen kann
Gestalten: Zwergformen passen gut zu Heide- und Steingartenpflanzen oder in Tröge, höhere Sorten als Solitär oder Gruppe

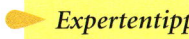
Expertentipp

Fragen Sie beim Kauf einer Bergkiefer unbedingt nach der Endgröße der ins Auge gefassten Sorte!

Lebensbaum
Thuja occidentalis

Höhe/Breite: 0,3–10 m/0,4–4 m
Blütezeit: März–Mai

Aussehen: immergrünes Nadelgehölz in vielen Sorten; unscheinbare Blüten, daraus entstehen ab September braune, eiförmige bis längliche Zapfen; schuppenförmige, aromatisch duftende Nadeln, je nach Sorte gelb, bronzefarben, frisch-, dunkel- oder blaugrün, im Winter oft verbraunend
Pflanzen: als Containergehölz ganzjährig möglich, am besten jedoch im Frühherbst; optimal ist tiefgründiger, frischer, durchlässiger Boden
Pflegen: anspruchslos, nur gelegentlich düngen
Gestalten: Säulenformen als einzeln stehende Blickpunkte, Zwergformen in Steingärten, einige Sorten sind auch als Schnitthecken geeignet

Den Garten gestalten

Mit Pflanzen gestalten

Über die Garten- und Beetgestaltung denken Gärtner seit Hunderten von Jahren nach. Wie immer das Ergebnis auch aussah – es sollte vor allem gefallen. Lassen Sie sich daher auch bei der Planung des eigenen Gartens vorrangig von Ihrem Gefühl und den persönlichen Vorlieben für Farben und Formen leiten. Wenn Sie dann dazu noch die wichtigsten Regeln der Gestaltung beachten, werden Sie einen Garten schaffen, der Ausdruck Ihrer Persönlichkeit ist.

Jeder Mensch verfügt über einen ausgeprägten Sinn für das Schöne – wenn auch individuell sehr verschieden. In einen gelungenen Garten fließt dieser Schönheitssinn aber nur dann ein, wenn man sich auch die Zeit nimmt, seine Vorstellungen und Neigungen zu konkretisieren. Denken Sie wie ein Künstler, der ein Motiv wählt, den Bildaufbau komponiert und dann mit Farben das Bild in seinem Kopf umsetzt.

Der Bildaufbau eines Gartens ist seine Anordnung von Formen und Flächen, Farben setzen Sie mit Laub und Blüten – »gemalt« wird mit der Pflanzschaufel und einer sorgfältigen Pflege.

So gehen Sie am besten vor

Gehen Sie optimistisch, aber realistisch an die Arbeit! Immerhin haben Sie als Anfänger den unschätzbaren Vorteil, völlig unvoreingenommen und spontan planen zu können. Wagen Sie ruhig Experimente, und scheuen Sie sich nicht, falsche Entscheidungen rückgängig zu machen.

● Planen Sie zunächst einmal nur ein einzelnes Beet. Wenn es gelingt, umso besser, wenn nicht, dann verändern Sie es so lange, bis Beetform, Farbenzusammenspiel und Pflanzenwuchsformen gut harmonieren.

● Pflanzen Sie zu Beginn Stauden mit eher wenigen, aber gut zusammenpassenden Blütenfarben. Über die »Stimmung« von Farben informieren die folgenden Seiten. Nach und nach können Sie diese Stauden dann kontrastreich betonen oder Ton-in-Ton erweitern.

● Setzen Sie größere, feste Bestandteile wie Bögen, Pergolen oder Hecken zunächst einmal nur ganz sparsam ein, leben Sie eine Zeit lang damit, und bauen Sie erst dann weitere Elemente ein.

Ohnehin arbeitet die Zeit für Sie: Je älter der Garten – und erfahrener der Gärtner –, desto mehr Charme strahlen seine Bestandteile aus.

Die Farben bestimmen den Garten

Wenn wir die Augen schließen und ganz spontan an einen Fantasiegarten denken, sehen die meisten von uns wohl ein farbiges Beet vor ihrem geistigen Auge. In der Tat sind es die Farben, die ganz wesentlich den Charakter eines Gartens bestimmen – von bäuerlich-fröhlich bis hin zu den fast monochromen, edlen Entwürfen mancher modernen Gartendesigner.

Obwohl Gärten stets mit allen Mitteln der Gestaltung spielen sollten (siehe nächste Seiten), liefert eine harmonische bzw. kontrastreiche Farbauswahl die Grundlage für die meisten Beetentwürfe.

Die Helligkeit der Farben

Der allgemeine Sprachgebrauch kennt viele Beispiele für diesen Aspekt: Es gibt »leuchtende« oder »düstere«, »glänzende« oder »matte« Farben.

Wenn man in hellem Licht – ohne direkte Sonneneinstrahlung – Weiß, Gelb, Rot, Blau und Grün miteinander vergleicht, fallen zwar Unterschiede in der Farbhelligkeit auf, sie sind jedoch nicht besonders ausgeprägt. In einer dunklen Ecke dagegen erscheinen Blau und Grün, auch ein dunkleres Rot ziemlich unscheinbar, während Gelb und Weiß deutlich sichtbar bleiben.

Werden dieselben Farben der vollen Sonne ausgesetzt, so sehen Blau, Grün und Rot nun prächtig aus, während Weiß und Gelb regelrecht zu leuchten scheinen (sehr »helle« Töne können allerdings ausgebleicht wirken). Für die Gestaltung mit Farbhelligkeiten ergeben sich daraus einige sehr einfach zu verwirklichende Regeln:

- Um eine dunkle Gartenecke etwas stärker aufzuhellen, benutzt man vorrangig helle, »leuchtende« Farben, während sich in der Sonne auch für das dunkelste Blau ein geeignetes Plätzchen findet.
- In den Übergangszonen benutzt man hellere Farben, um die dunklen besser zur Geltung zu bringen.
- In entfernten Beeten setzt man besser helle Farben ein, die dann wie Leuchtflecke wirken, während dunkle Farben möglichst in der Nähe des Betrachters gehören.

Was Farben aussagen

Es ist schwierig, die »Stimmung« einer Farbe genau zu beschreiben. Immerhin handelt es sich dabei nicht um ein messbares physikalisches, sondern um ein sehr subjektives, psychologisches Phänomen.

- Relativ einfach ist es mit den gelben Tönen bis hin zum gelblichen Orange – das sind die Farben der Sonne. Sie rufen bei vielen Menschen die Assoziation des Sommers, der Wärme und Entspannung hervor. Gelb und Orange im Beet bedeuten Lebensfreude pur.
- Dunkles Orange entsteht als Mischfarbe aus Gelb und Rot; es hat etwas von beiden, je nachdem welcher Anteil subjektiv stärker hervortritt.
- Rot ist eine sehr warme Farbe, die aber in Form grellen Rots (wie beim bekannten Klatschmohn) fast aggressiv erscheinen kann. Viel dunkles Rot im Beet strahlt eine gewisse Sanftheit aus und wirkt beruhigend. Außerdem lässt Rot benachbarte Farben heller aussehen.
- Violett bis Lila entsteht als Mischfarbe aus Blau und Rot. Reines Violett wirkt eher kühl, eignet sich aber perfekt für Kombinationen mit Rot und/oder Blau.
- Blau schließlich ist die ruhigste unter den Farben, sie spiegelt die Weite des Meeres und des Himmels und wirkt selbst auf kleiner Fläche viel »größer« als in der Realität.
- Das beruhigende Grün ist der beste Vermittler zwischen den einzelnen Farben, weil es uns so allgegenwärtig und vertraut erscheint.

Silber im Beet

Eine hübsche Alternative zu »bunten« Beeten bieten Pflanzen mit grauer oder silberner Belaubung, zu deren wichtigsten Vertretern beispielsweise Ziest (*Stachys byzantina*, hier im Bild), Lavendel (*Lavendula*) oder einige *Artemisia*-Arten gehören. Das kühle Silbergrau harmoniert hervorragend mit pastellfarbenen, weißen oder hellrosa bzw. hellblauen Blüten, kann aber auch als Kontrast in kräftiger gefärbten Beeten eingesetzt werden. Sofern der Standort nicht im Vollschatten liegt, passen silberblättrige Pflanzen auch zu Farnen, Funkien oder Ziergräsern. Wagen Sie Experimente!

In diesem Staudenbeet gehen Agastache, Sonnenhut, Phlox, Ehrenpreis und Wasserdost (im Hintergrund) eine fröhliche, farbenfrohe Verbindung ein.

● Bleibt noch Weiß, das physikalisch aus der Mischung aller Wellenlängen entsteht und kaum eigene Stimmung ausdrückt. Allerdings vermittelt Weiß (als Sonderform auch graue oder silbrige Blätter) zwischen den einzelnen Farben. Es ist ideal zwischen pastellfarbenen Tönen in der Nähe des Betrachters. In der Ferne dient es dazu, etwas dunklere Töne aufzuhellen.

Farben gekonnt kombinieren

Wer zum ersten Mal versucht, ein Beet wirklich zu gestalten, sollte mit einer Grundfarbe beginnen, die ihm gefällt – seiner Lieblingsfarbe beispielsweise.
Ein wichtiges Hilfsmittel der Farbkombinationen ist der so genannte Farbkreis. Man kann ihn sich als eine Uhr vorstellen, bei der reines Gelb etwa in der 12.00 Uhr-Position erscheint. Mit zunehmendem Rotanteil entsteht ein immer tieferes Orange, bis etwa bei 4.00 Uhr reines Rot steht. Von hier an verändern sich die Mischfarben mit zunehmendem Blauanteil (Lila, Violett) bis hin zu reinem Blau (bei 8.00 Uhr), um dann schließlich über Blaugrün und Grün den Kreis wieder zu reinem Gelb zu schließen.

● Komplementäre Farben (stehen sich im Farbkreis gegenüber) bestärken sich gegenseitig in ihrer Wirkung – solche Beete können gar nicht langweilig sein! Komplementäre Farben sind z. B. Gelb (Narzissen, Sonnenblume) und Tiefviolett (Akelei, Verbene); Orange (Studentenblume, Orange-Schmuckkörbchen) und Blau (Rittersporn, Enzian) oder Rot (Rosen, Indianernessel) und Grün (Blätter).
● Harmonische Farbverläufe (Nachbarn im Farbkreis) erzeugen die Stimmung der jeweiligen Hauptfarbe, von lebhaft (Gelb bis Orange) bis ruhig (Blau bis Violett). Einen solchen Farbverlauf können Sie z. B. herstellen mit der Kombination von Glockenblume, Lavendel, Pracht-Storchschnabel und Fingerhut.
● Besonders schwierig sind »bunte« Beete zu gestalten, da sie ihre fröhliche Lässigkeit nur dann ausstrahlen, wenn die entsprechenden Blüten auch alle gleichzeitig blühen.
Eine schöne Mischung bieten z. B. Gelb (Ringelblume), Orange (Studentenblume), Rot (Scharlach-Salbei), Violett (Vanilleblume) und Blau (Glockenblume).

Wuchsformen und Blattstrukturen

Farbe und Üppigkeit der Blüten dürften zu den wichtigsten Entscheidungskriterien beim Kauf einer Gartenpflanze gehören – mit gutem Recht. Allerdings ist die Blütezeit selbst der besten Staude nach einigen Wochen vorüber. Wenn das Blütenschauspiel nicht unmittelbar von einer Nachbarpflanze fortgesetzt wird, herrscht wieder das Grün der Blätter vor. Um ein Beet zu einem möglichst langfristig wirkenden Schmuckstück zu machen, sollten Sie daher auch die Wuchsformen der Pflanzen und die Struktur ihrer Blätter mit einbeziehen.

Wuchsformen gezielt eingesetzt

Ähnlich wie allzu bunte Farben lenkt auch die »wilde« Kombination der unterschiedlichsten Wuchsformen eher vom Wesentlichen ab – solche Beete wirken unruhig und manchmal sogar seelenlos. Werden die Wuchsformen dagegen gezielt eingesetzt und kombiniert, entsteht ein spannendes Beet, dessen Blütenfarben durch das Grün bestens zur Geltung gebracht werden.

So ist ein Hanggarten mit kuppelförmig wachsenden Polsterstauden zur Blütezeit im Frühling ein Feuerwerk aus Farbe. Nach der Blüte bestimmen die ruhigen Formen der grünen oder graugrünen Polster weiterhin den Gesamteindruck. Einige wenige Gräser mit trichterartig auseinander strebenden Blättern, die zwischen die Polster gepflanzt werden, dienen sowohl während der Blütezeit als auch danach als abwechslungsreiche Blickpunkte. Bei größeren Flächen könnte auch eine Taglilie diesen Part überneh-

men, deren Blüten sich im Sommer aus einem üppigen Fächer aus grasartigen Blättern erheben.

Aus der Kombination weniger, miteinander kontrastierender Wuchsformen ergeben sich immer spannungsreiche Bilder, die in, aber auch außerhalb der Blütezeit für Abwechslung sorgen:

● Teppiche (Bodendeckerpflanzen), Polster (z. B. Glockenblumen, Polsternelken, Blaukissen) und halbkugelig wachsende Pflanzen (z. B. Lavendel, Funkien) halten ein Beet zusammen. Sie erscheinen eher ruhig, harmonisch und eignen sich als Rückgrat des Beetes.

● Horste – dazu gehören mehrstängelige Stauden und Gräser – sind unruhiger. Einzelne Horstpflanzen zwischen Teppich- oder Polsterpflanzen ziehen die Blicke auf sich, während mehrere Horste nebeneinander fast dickichtartig erscheinen und ihrerseits durch Blüten bzw. hohe, schmale Horste (z. B. Rittersporn, hohe Glockenblumen) oder eintriebige Pflanzen akzentuiert werden.

● Schmale, hohe Pflanzen (z. B. Tulpen, Königskerzen, Fingerhut, Nachtkerze) werden gezielt als kontrastreiche Blickpunkte eingesetzt.

● Überhängende oder schirmartig wachsende Pflanzen (z. B. große Gräser, Farne, Tränendes Herz) bilden einen wunderschönen Beetabschluss, sofern sie vor ruhigem Hintergrund zur Geltung kommen.

Selbstverständlich resultiert auch bei der Gestaltung mit Formen die Spannung eher aus wenigen, aber gezielt eingesetzten Effekten als aus einer beliebigen Mischung.

✿ Blattschmuckpflanzen

Buntnessel (*Coleus-Blumei*-Hybriden)	variable Blattfarben; eigentlich Stauden, die aber einjährig gezogen werden (nicht winterhart); sonniger Standort
Farne	ausdrucksstarke Blattformen, sehr breites Angebot an Größen und Formen; vertragen viel Schatten; die meisten brauchen einen sauren Boden
Funkien (*Hosta*)	vielfältig und robust; die vermutlich beste Halbschattenpflanze; neben den Blättern auch sehr hübsche Blüten in lockeren Blütenständen
Gräser	von klein bis über 2 m hoch; verschiedene Arten für sonnige bis schattige Standorte, manche Arten (z. B. Pampasgras) brauchen Winterschutz
Pelargonien (*Pelargonium*)	spezielle Züchtungen mit farbigen Blättern; gewöhnlich einjährig gezogen; sonniger Standort
Rizinus (*Ricinus communis*)	stattlich und mit auffallend rötlichen Blättern; kann leicht aus Samen selbst gezogen werden
Stielmangold (*Beta vulgaris* ssp. *vulgaris*)	die farbigen Blattstiele wirken ungewöhnlich; auch die Zierformen sind Gemüse und können gegessen werden

Blätterformen kombinieren

Die durch die Wuchsformen erzeugte Abwechslung kann durch geschickte Auswahl der Blätter sogar noch gesteigert werden. Versuchen Sie bei der Auswahl der Stauden auch diesen Aspekt mit einzubeziehen. Allerdings sollten Sie möglichst darauf achten, die Blattgröße dem Garten anzupassen. Mächtige, breite Blätter kommen nur aus größerer Entfernung optimal zur Geltung und passen daher besser in große Gärten.

● Rundliche Blätter mit glatten Rändern haben eine gewisse Bodenständigkeit; sie geben einem Arrangement Ruhe.

● Schmale, spitze Blätter (z. B. Schwertlilien) brauchen rundliche Blätter als Gegengewicht und dienen ihrerseits als wirkungsvoller Kontrast.

● Die sehr schmalen Blätter der Gräser, vor allem, wenn sie sich über ihre niedrigeren Nachbarn neigen, gliedern eine Fläche und wirken trotz ihrer Auffälligkeit vermittelnd.

● Sehr fein eingeschnittene, filigrane Blätter (z. B. manche Farne, Fenchel, Schmuckkörbchen) haben den Vorteil, das Blütenschauspiel benachbarter Stauden kaum zu stören, daher passen sie gut zwischen niedrigere Stauden.

Blätter sind nicht nur »grün«

Der große Reichtum an Blattfarben schließlich erlaubt es einem Gärtner, sein Staudenbeet beinahe völlig ohne Blüten zu gestalten. Allerdings sollten Sie bei der Auswahl wirklich »bunter« Blätter darauf achten, dass sie zu den Blütenfarben der übrigen Pflanzen passen.

● In der Sonne sind Gräser das Mittel der Wahl: Nutzen Sie die blau getönten Sorten des Blauschwingels (*Festuca cinerea*) im Kontrast zu den kompakten, grünen Polstern des Bärenschwingels (*Festuca gautieri*) oder die breiten, starren Blätter in Grün-Weiß des Chinaschilfes (*Miscanthus sinensis* 'Zebrina') im Farb- und Formkontrast zu den überhängenden, streichholzdünnen Blättern des Lampenputzergrases (*Pennisetum alopecuroides*).

● Im Halbschatten sind die bereits erwähnten Funkien beinahe konkurrenzlos. Schon die Bezeichnungen der Sortengruppen (Blaublatt-, Grünblatt-, Weißblatt- oder Gelbblatt-Funkien – mit ihren panaschierten Formen) lassen erahnen, welche Möglichkeiten sich Ihnen hier bieten. Funkien präsentieren ihre farbigen Blätter gut sichtbar in einer kuppelartigen Wuchsform. Hinzu kommt, dass die Oberflächen der Blätter durch die markant hervortretenden Blattrippen je nach Sonnenstand ein faszinierendes Licht-Schatten-Spiel bieten.

So wirkungsvoll können Blätter sein: rotblättrige Berberitze, Bambus (*Hakonechloa*) und Funkien (*Hosta*).

● Für schattige Standorte ist ein Beet, das von dem Kontrast unterschiedlicher Blattformen und -farben lebt, die beste Form der Gestaltung. Nach meinem Geschmack ist eine Kombination aus großen Farnen mit deutlich gegliederten, eher filigranen Wedeln (z. B. Wurmfarn *Dryopteris filix-mas* oder Trichterfarn *Matteuccia struthiopteris*) und einer Form mit hellen, aber schwertartigen Wedeln (etwa Hirschzungenfarn *Phyllitis scolopendrium*) ideal. Als Bodendecker bieten sich panaschierter Efeu oder Immergrün (*Vinca major*) an. Bauen Sie Wurzelbarrieren ein, damit die Farne ungestört wachsen können.

So bringen Sie Farbe ins Beet

Viele Gartenbesitzer erfreuen sich an den Farben der Blüten, ohne dass sie besondere Anstrengungen unternommen hätten, ihre Beete bewusst farblich zu gestalten – eine völlig legitime Einstellung zum Garten. Sind Sie jedoch unzufrieden mit der Wirkung Ihrer Beete, sollten Sie darüber nachdenken, woran dies liegt. Wenn die Pflanzen gesund erscheinen und gut blühen, ist fast immer ein fehlendes Farbkonzept die Ursache. Durch gezielten Austausch einiger Stauden gegen farblich und von der Blütezeit her besser harmonierende Arten oder Sorten kann sich der Anblick eines Staudenbeetes grundlegend und zum Besseren verändern. Um die genaue Blütezeit und Blühdauer Ihrer Pflanzen kennen zu lernen, empfehle ich – zumindest in den ersten Jahren –, ein Blühtagebuch zu führen.

Notieren Sie in dem Büchlein außerdem alles was Ihnen auffällt – Positives und Negatives – dann haben Sie im Winter eine gute Datenbasis, um in Katalogen und Gartenbüchern nach neuen und besseren Partnern für Ihre Stauden zu suchen.

Farbbeete im Dreiklang

Eine beliebte Kombination mit sommerlichem Flair besteht aus den reinen Blütenfarben Blau, Gelb und Rot. Im Sonnenschein verstärken sich diese Farben gegenseitig und erscheinen beinahe grell. In der Nähe eines Sitzplatzes könnte der Dreiklang durch Pastellfarben (Zartgelb bis fast Weiß, Rosa und Hellblau) deutlich milder ausfallen. Auch die Kombination Orange, Violett und Blaugrün erscheint verhaltener und weniger grell. Mit den Farben Grün, Orangerot und tiefem Violett entstehen Beete mit sehr ruhigem Charakter, die vor allem im Sonnenlicht gut zur Geltung kommen, im Schatten jedoch ein wenig stumpf wirken. Da das erforderliche Grün durch die Blätter beigesteuert wird, lassen sich in solchen Beeten hübsche Effekte mit Wuchsformen und Blattstrukturen erzielen.

Weiße oder elfenbeinartige Pastelltöne können zwischen den übrigen Blütenfarben vermitteln. Das oben erwähnte rot-blau-gelbe Beet erhält ein sehr viel neutraleres Flair, wenn etwa rote durch weiße Blüten ersetzt werden. Zur Vermittlung tragen auch Pflanzen mit silbrigen Blättern bei – z. B. Lavendel als blaue Komponente in der Farbgestaltung. Lassen Sie Ihre Fantasie spielen: Es ist durchaus möglich, den Frühling durch ein grell blühendes Dreiklangbeet (rote Tulpen, gelbe Narzissen, blaue Traubenhyazinthen) zu feiern und im Sommer zu einem verhaltener blühenden Beet zu wechseln.

Hier kann nichts schief gehen: Ton-in-Ton

Ton-in-Ton gestaltete Beete entstehen durch Farben, die im Farbkreis eng nebeneinander stehen. Hier können Sie kaum Fehler machen, da sich auch nachträglich aufblühende Pflanzen stets in die Gesamtgestaltung einfügen. Das Spektrum möglicher Stimmungen reicht von sommerlich heiß (Orange und Gelb) bis zu beruhigend (Dunkelblau, Tiefviolett).

 *Expertentipp*

Lassen Sie sich von Ihrem Gefühl leiten, dann schaffen Sie ein ganz persönliches Gartenkunstwerk.

Farbverläufe – ein breites Spektrum an Kombinationsmöglichkeiten

Solche Beete sind den Ton-in-Ton gestalteten Anlagen sehr ähnlich, gehen aber etwas großzügiger mit den Nachbarfarben um. Farbverläufe basieren auf einer Grundfarbe und ihren farblich abgestuften Nachbarn im Farbkreis (im Bild Orangerot bis Rotviolett). Weiße oder pastellfarbene Blüten im selben Farbton wirken vermittelnd. Wegen des breiteren Farbspektrums sind sie flexibler als Ton-in-Ton-Beete, aber ebenso stimmungsvoll.

Spannungsreich und leuchtend durch kontrastreiche Farben

Wird ein Beet mit Farben gestaltet, die im Farbkreis einander gegenüberstehen, entstehen sehr spannungsreiche Farbmuster. Blau/Blauviolett in Kombination mit Gelb/Orange oder Rot und Grün (das Geheimnis vieler Rosen) leuchten deswegen so kräftig, weil sich die Farben gegenseitig verstärken. Gehen Sie mit Kontrasten aber sparsam um: Ein kräftiger blauer Farbfleck in einem ansonsten Ton-in-Ton gestalteten, gelben Beet ist wirkungsvoller als eine großflächige Mischung aus Blau und Gelb.

Bunte Blüten auf grauem Stein

Steingärten haben längst den ihnen zukommenden Platz in der Gartengestaltung erobert. Obwohl sie immer noch am besten, wie hier, auf einer nach Süden geneigten Fläche angelegt werden, reichen im Grunde eine gründliche Bodenverbesserung und einige in Größe und Form zueinander passende, dekorative Steine aus, um in den Genuss der wunderschönen Blüten zu kommen.

Typische Steingartenpflanzen sind an trockene Standorte angepasst und kommen mit relativ wenig Pflege aus – aufwändig sind allein die Anlage des Gartens und die Kontrolle des aufkommenden Unkrautes.

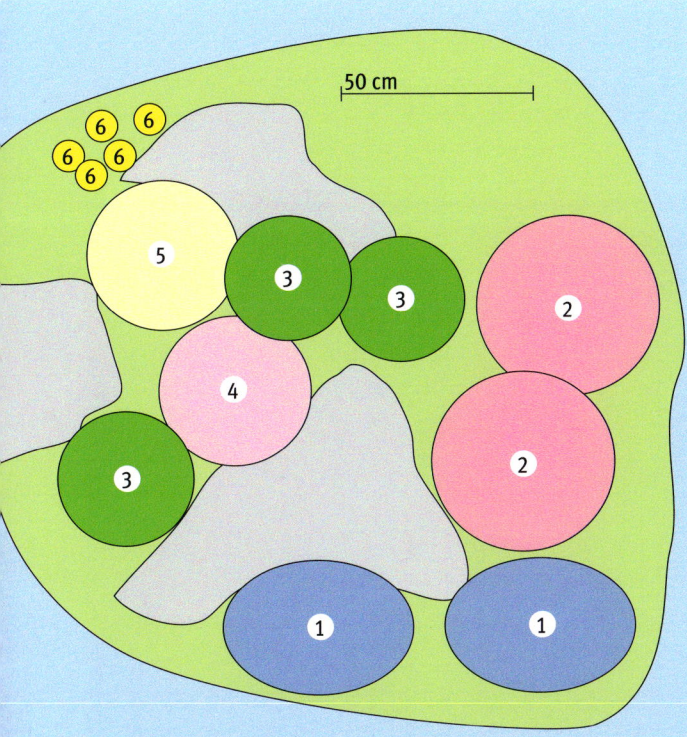

50 cm

Das brauchen Sie:

1. **Glockenblume** (*Campanula garganica*; möglich wäre auch die Dalmatiner Glockenblume *C. portenschlagiana* oder andere, flach-polsterförmig wachsende Arten) bis ca. 30 cm breit, 5 cm hoch; 2 Pflanzen

2. **Pfingstnelke** (*Dianthus gratianopolitanus*) bis 40 cm breit, 15–20 cm hoch; 2 Pflanzen

3. **Thymian** (*Thymus*) bis 40 cm breit, 5–10 cm hoch; 3 Pflanzen

4. **Seifenkraut** (*Saponaria*) 30–60 cm breit, wuchert über Ränder, je nach Art bis 40 cm hoch; 1 Pflanze

5. **Fetthenne** (*Sedum*; alle Arten und Sorten für den Steingarten) bis 40 cm breit, 5–15 cm hoch; 1 Pflanze

6. **Waldtulpe** (*Tulipa sylvestris* oder kleine Hybriden wie Kaufmanniana, Fosteriana oder Greigii) 20–40 cm hoch, 4–5 Pflanzen

So pflanzen Sie:

In diesem Beispiel wurde ein Hangstück durch Natursteine in unaufdringliche Stufen gegliedert.

● Entfernen Sie möglichst alle Arten von Unkräutern (Wurzeln von mehrjährigen Unkräutern vollständig ausgraben!) und gestalten Sie dann die Landschaft, die Ihnen vorschwebt.

● Achten Sie beim Aufschütten kleiner Hügel darauf, den Untergrund mit Schotter und/oder Kies zu drainieren (in flachen Steingärten etwa 20–30 cm, darüber 20–30 cm Erdgemisch). Platzieren Sie die Steine – insbesondere bei flachen Anlagen – möglichst natürlich und nicht zu regelmäßig.

● Füllen Sie die Lücken zwischen den Steinen (bzw. die Schotterunterlage) mit einer Mischung aus Sand und Humus oder Mutterboden.

● Setzen Sie die ausgewählten Pflanzen in die Lücken zwischen den Steinen.

Expertentipp

Der größte Feind des Steingartens ist das Unkraut, da typische Steingartenpflanzen nicht besonders wüchsig sind und dann sehr leicht überwuchert werden. Kontrollieren Sie daher regelmäßig und reißen Sie bereits das kleinste Unkrautpflänzchen aus – die Mühe lohnt sich!

So pflegen Sie:

Frühjahr: Steingärten werden in der Regel nur schwach gedüngt, vor allem die Nelken gedeihen aber besser, wenn sie zu Beginn der Vegetationsperiode gezielt mit Volldünger versorgt werden.

Sommer: Blütenstiele von Pfingstnelke, Thymian und Glockenblume nach der Blüte bis in die Blätter zurückschneiden, so samen sie nicht aus, und die kompakte Form bleibt erhalten.

Herbst: Bei der Glockenblume bereits jetzt alle kranken und abgestorbenen Triebe bis zum Boden abschneiden. Das Seifenkraut unbedingt vor dem ersten Frost kräftig zurückschneiden.

Winter: Keine Maßnahmen erforderlich. Nutzen Sie jedoch den wärmeren Spätwinter, um auflaufende Unkräuter konsequent und rasch zu entfernen.

Wuchsformen – gezielt eingesetzt

*Damit die Farben der Blüten, Wuchs-
und Blattformen optimal zur Geltung
kommen, sollten Sie die einzelnen
Pflanzen so präsentieren, dass sie einerseits bestens sichtbar sind, andererseits aber auch ihre Nachbarn nicht
verdecken. Als sehr hilfreich erweist
sich hier das Bild einer Bühne, auf der
die Pflanzen wie Darsteller agieren:
Manche sind die Stars, andere Neben-
darsteller, und wieder andere bilden
»nur« die Kulisse.*

*Wie bei einem erfolgreichen Theater-
stück kommt es auch bei der Beetgestaltung darauf an, dass alle Darsteller
einen guten Eindruck hinterlassen
und als Ensemble wirken.*

Staffelung von Höhen-
stufen (Richtwerte)

Neben dem Sitzplatz:
von Bodendeckern (10–15 cm) bis
etwa 60 cm Höhe

In 3–4 m Entfernung:
von 30–40 cm bis 120 cm Höhe

In 5–10 m Entfernung:
von 60–70 cm bis 180 cm Höhe

Über 10 m Entfernung:
von 60–70 cm bis mehrere
Meter Höhe

Staudenbeet »very british«

In einem optimal gestalteten Staudenbeet sind alle Pflanzen und ihre
Blüten gut sichtbar, die Farben (siehe Seite 128/129) kommen zur Geltung, und die Wuchsformen der einzelnen Stauden sorgen für Spannung
– auch außerhalb der Blütezeit.
Einfach ist es allerdings nicht, diesen
Zusammenklang gleich im ersten
Anlauf zu bewältigen. Häufig wachsen Pflanzen anders als erwartet,
bzw. sie erweisen sich unter den Bedingungen Ihres Gartens als wüchsiger oder zierlicher als vorgesehen.
Hier ist Geduld gefragt!
Verfolgen Sie zunächst einmal, wie
sich Ihr Beet entwickelt. Tauschen Sie
Exemplare aus, die ihre Nachbarn
erdrücken. Achten Sie auf die Höhe
der Pflanzen und arrangieren Sie
einzelne Stauden mehr in den Vor-
der- bzw. Hintergrund. Stellen Sie
 schwächer wachsende Pflanzen zu
einer Gruppe zusammen. Zur Blütezeit sind die farblich abgestuften
oder kontrastreichen Blüten die
»Stars«, außerhalb der Blütezeit die
Form der Pflanzen bzw. ihre Blätter.
Wirkliche Regeln gibt es nicht, es
kommt auf das Zusammenspiel an.
Daher halte ich persönlich diese Art
der Beetgestaltung für besonders
dankbar: »Unpassende« Stauden –
das stellt sich spätestens im zweiten
Jahr heraus – werden einfach umgepflanzt. Die Wirkung des Staudenbeetes nimmt somit ständig zu, und
Sie können von Jahr zu Jahr Ihre gestalterischen Fortschritte sehen.

▶ *Expertentipp*

*Am meisten lernen Sie über Beet-
gestaltung, wenn Sie sich viele
»öffentliche« Beete anschauen und
übernehmen, was Ihnen gefällt.*

Beete, die nur aus einer Richtung betrachtet werden

Beete, die nur aus einer Richtung betrachtet werden können, weil sie vor Zäunen, Hecken oder Mauern liegen, bepflanzt man nach dieser klassischen Methode der Staudengärtner: Die Pflanzen werden kontinuierlich ansteigend nach ihrer Höhe angepflanzt, von den niedrigen Vordergrundpflanzen bis hin zu den hohen Stauden im Hintergrund. Die Anstiegshöhe richtet sich nach dem Abstand des Betrachters. Je weiter das Beet entfernt ist, desto stärker darf auch der Höhenunterschied ausfallen.

Versuchen Sie, die schräg ansteigende Oberfläche der pultartigen Beete durch »Ausreißer« (z. B. schmale, hohe Stauden wie Rittersporn zwischen niedrigen Nachbarn) noch abwechslungsreicher zu gestalten.

Blattformen kombiniert – auf die Entfernung kommt es an

Der Einsatz von Blattformen ist wesentlich von der Betrachtungsentfernung abhängig: Je weiter die Blätter vom Betrachter entfernt sind, desto gröber müssen die Unterschiede der Blattformen geraten. So bildet z. B. ein handtellergroßes, glattes Blatt in 1–2 m Entfernung mit fingernagelgroßen Blättchen einen hübschen Kontrast – dieselbe Kombination erscheint aus 10 m völlig wirkungslos, da nun die Blätter zu einem einheitlichen Grün verschmelzen. Wenn Sie jedoch glattrandige, 30–40 cm breite Blätter mit grob gefiederten kombinieren, zeigt sich der hübsche Formenkontrast auch aus der Entfernung. Gute Kombinationen sind: glatt und gefiedert, rund und schmal, grob eingeschnitten und fein zerteilt; groß und klein; flach ausgebreitet und schmal und aufrecht.

Polsterbeete müssen nicht langweilig sein

Viele Stauden wachsen mehr oder weniger polsterförmig, d. h., sie bilden leicht gewölbte bis halbkugelige Wuchsformen. Man kann solche Polster zwar durch Bepflanzung in Schwüngen akzentuieren, aber dennoch wirken viele Polsterbeete eher langweilig. Um diese Eintönigkeit zu beleben, ohne aber den ruhigen Charakter der Polster zu zerstören, bietet sich die so genannte Überstellung an: Zwischen die Polster werden sparsam sehr schmale oder zumindest zierliche Stauden gepflanzt, die von den gleichförmigen Polsterwellen ablenken. Besonders gut eignen sich hierfür Ziergräser (*Festuca, Pennisetum*), aus deren Blattpolstern lange Blütenstängel auswachsen, oder eintriebige Pflanzen, wie Zierlauch, Fingerhut oder Königskerze.

Mit edlen Blüten durch den Sommer

Das Staudenbeet gehört neben dem Rasen zu den beliebtesten und wichtigsten Bestandteilen des Gartens. Wenn Sie sich, wie hier, für eine Kombination aus hohen horstartigen Sommerstauden mit Knollenpflanzen (Dahlien) und Einjährigen (Petunien, Sommer-Astern, Spinnenblumen, Zinnien) entscheiden, entsteht ein sehr üppig bewachsenes Beet. Die Blätter verbergen auch eventuelle Frühblüher. Das schwermütige, ruhige, blau-violette Farbthema dieses Beetes wird durch Weiß gemildert.

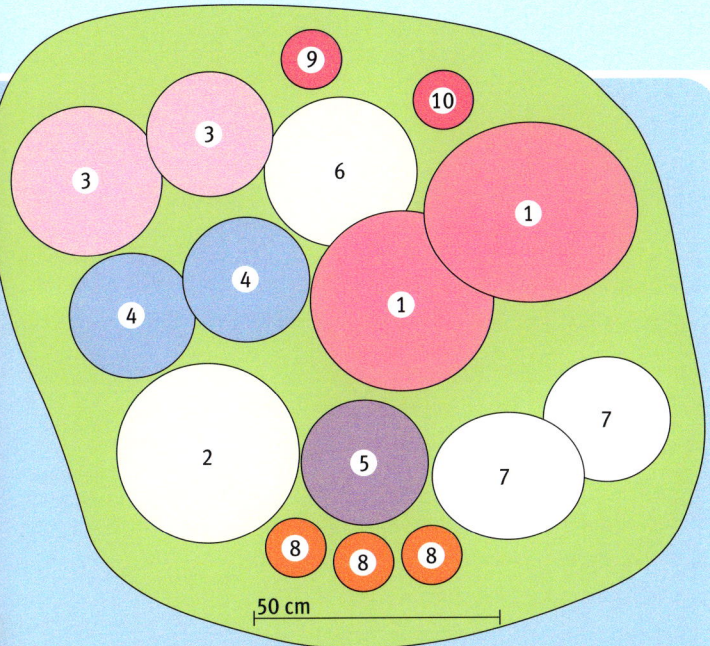

50 cm

Das brauchen Sie:

1. Kaktus-Dahlie (*Dahlia*-Hybriden) 60–80 cm breit, bis 1 m, hoch; 2 Pflanzen

2. Multiflora-Petunie (*Petunia*-Hybriden) 30–90 cm breit, 30–40 cm hoch; 1 Pflanze

3. Spinnenblume (*Cleome spinosa*) 40 cm breit, 80–140 cm hoch; 2 Pflanzen

4. Leberbalsam (*Ageratum houstonianum*) 50–60 cm breit, 70 cm hoch; 1–2 Pflanzen

5. Basilikum (*Ocimum basilicum*, rotblättrig) ca. 30 cm breit, 30–60 cm hoch; 1 Pflanze

6. Wucherblume (*Chrysanthemum parthenium*) 30–40 cm breit, 40–60 cm hoch; 1–2 Pflanzen

7. Sommer-Aster (*Callistephus chinensis*) 20–50 cm breit, 20–90 cm hoch; 2 Pflanzen (weiß und lila)

8. Zinnie (*Zinnia elegans*, niedrige Sorte) 15–30 cm breit, bis 40 cm hoch; 3 Pflanzen

9. Pompon-Dahlie (*Dahlia*-Hybriden), 60–80 cm breit, bis 1 m hoch; 1 Pflanze

10. Waldrebe (*Clematis-Jackmannii*-Hybriden) bis 2 m breit, bis 4 m hoch; 1 Pflanze

So pflanzen Sie:

Alle hier verwendeten Pflanzen brauchen Sonne und einen durchlässigen, guten Boden; sie sollten regelmäßig, aber nicht zu viel gegossen werden.

● Die Stauden werden im Frühling aus dem Container ins Beet gepflanzt; sie bleiben mehrere Jahre am Platz. Markieren Sie die Freiflächen dazwischen mit kurzen Bambusstäbchen, damit Sie in den Folgejahren wissen, welche Pflanzen wohin kommen.

● Ab März können Sie die Wucherblumen direkt in die freien Flächen einsäen (später vereinzeln).

● Ende April bis Anfang Mai kommen die Dahlienknollen in die Erde, etwa zur selben Zeit auch die Petunien (aus eigener Zucht oder als vorgezogene Pflanzen aus der Gärtnerei).

● Im Frühsommer (ab Ende Mai) werden die vorgezogenen Spinnenblumen aus den Töpfen im Zimmer ins Freiland verpflanzt.

Expertentipp

An Stelle der Spinnenblumen können Sie auch Schmuckkörbchen (Cosmos bipinnatus) aussäen oder hohe Sorten von hellblauem Rittersporn (Delphinium-Elatum-Hybriden) pflanzen.

So pflegen Sie:

Frühjahr: Wenn die Dahlien 3–4 Blattpaare groß sind, sollten Sie die Spitzenknospe abknipsen, damit sie buschiger wachsen. Ab März die Spinnenblumen im Zimmer aussäen.

Sommer: Dahlien wöchentlich düngen (Hochsommer bis Herbst einen kalireichen Dünger); Volldünger brauchen auch Petunien, Spinnenblumen und Wucherblume. Verwelktes abschneiden.

Herbst: Vor den ersten Spätfrösten müssen (!) die Dahlienknollen aus der Erde. Knollen im Freien trocknen lassen und abbürsten. Dann kommen sie auf ein Sandbett im trockenen Keller.

Winter: Kontrollieren Sie die Dahlienknollen alle 2–3 Wochen auf Pilzbefall (es gibt auch Puder, der einem Pilzbefall vorbeugt); Knollen mit faulen Stellen entfernen und entsorgen.

Rosen unter sich oder kombiniert?

Ob eine einzelne Rose als Liebespfand, ein duftender Strauß als Anerkennung oder der romantische Rosenbogen im Garten: Die »Königin der Blumen« lässt wohl niemanden kalt …

Ob Sie Ihre Rosen lieber in speziellen Rosenbeeten oder in Kombination mit anderen Sträuchern und Stauden pflanzen, ist nicht nur eine Frage des Geschmacks. Immerhin haben Untersuchungen ergeben, dass Rosen in Mischpflanzungen weniger von Schädlingen und Krankheiten bedroht werden als in Monokulturen. Dank der Bemühungen der Rosenzüchter sind viele der heute erhältlichen Rosensorten weniger anfällig gegenüber Krankheiten. Neue Züchtungen bekommen mit dem ADR-Qualitätszeichen (Allgemeine Deutsche Rosenneuheitsprüfung) sogar das Gütesiegel einer besonders strengen Prüfung.

In spezialisierten Rosengärtnereien oder den Rosenabteilungen guter Gartencenter gibt es Fachberater, denen Sie Ihre Gartensituation und Wünsche schildern können. Gerade bei Rosen sollten Sie sich vor Spontankäufen hüten. Bewahren Sie Geduld und entscheiden Sie sich für eine optimal »passende« Rose.

Duft und Fülle – Alte und Englische Rosen

Sowohl die Alten als auch die Englischen Rosen haben stark gefüllte Blüten in herrlichen, pastellartigen Farbtönen und duften intensiv. Da sie meist buschig und strauchförmig wachsen, brauchen sie einen Standort, an dem sie sich möglichst frei und ungestört entfalten können. Einzelne Rosensträucher kommen am besten vor grünem Hintergrund zur Geltung, etwa vor einer Hecke. Allerdings vertragen sie keine direkte Wurzelkonkurrenz, d. h., Sie müssen zwischen Rose und Heckensträuchern genügend Abstand lassen. Ein ideales Umfeld bietet sich den Alten und Englischen Rosen in einem Cottage-Garden oder einem Bauerngarten, der mehr Wert auf Zierpflanzen legt. Rosen, die Sie in eine Beetgestaltung einbeziehen, sollten dieselben Kriterien erfüllen wie die übrigen Beetpflanzen: Achten Sie also darauf, dass die Farbe der Rosenblüte gut mit den

gleichzeitig blühenden Stauden oder Sommerblumen harmoniert.

Als Begleitpflanzen für Rosen (im Bild die englische Charles Austin Rose 'Dame Prudence') eignen sich alle farblich passenden Stauden. Besonders vorteilhaft machen sich – wie hier – *Cerastium tomentosum* und die Katzenminze 'Weakers Low', aber auch mittelhohe Ziergräser, Schleierkraut (*Gypsophila repens*), Schleifenblume (*Iberis sempervirens*), Frauenmantel (*Alchemilla mollis*), Rittersporn und Salbei.

Romantische Schönheit – der Rosenbogen

Ein frei stehender oder in ein Wegesystem integrierter Rosenbogen hat etwas Faszinierendes. Nichts lenkt von den Rosen ab, da ihre Blüten konkurrenzlos über allem anderen schweben. In diesem großen Garten wurde eine Kletterrose am Seil erzogen, in kleinen Gärten bieten sich eher fertige Rosenbögen aus Metall an.

Da Rosen nicht selbst klettern, sondern sich mit ihren Stacheln verhaken, müssen Sie die Triebe in den ersten Jahren am Bogen anbinden. Später dürfen die Seitentriebe ruhig romantisch verspielt in Bögen überhängen.

Der Rosenhochstamm – ein edler Blickfang

Hochstammrosen bestehen aus dem Stamm einer Wildrose, auf den eine kriechende Sorte aufgepropft wurde (im Bild die Sorte 'Ballerina'). Daher scheinen die Triebe der Edelsorte frei nach unten zu fallen.

Hochstämme stellen zur Blütezeit wunderbare Blickpunkte dar. Um die Last der Zweige zu tragen, müssen Hochstammrosen mit einem kräftigen Pfahl gestützt werden.

 **Expertentipp**

Zum Stützen gibt es sogar spezielle Gerüste mit einer halbkugelförmigen Auflage für die Zweige.

Rosen im Staudenbeet?

Zur Zeit der Rosenblüte sollten im Beet möglichst nur solche Stauden blühen, die den Rosen keine Konkurrenz machen (hier Glockenblumen, Katzenminze und Frauenmantel). In der Zeit davor und danach übernehmen die früh bzw. spät blühenden Stauden die Rolle als Blickpunkt, während die Blätter der Rosen als ruhiger Hintergrund fungieren. Allerdings versprechen derartige Kombinationen nur dann Erfolg, wenn das Staudenbeet auf gutem, nicht zu feuchtem Boden an einem sonnigen Standort angelegt wird.

Spätsommer in Kupferrot

In vielen Gärten bricht im Spätsommer und Frühherbst die Langeweile aus. Einige Astern, lieblos im hinteren Drittel von Sommerbeeten versteckt, vielleicht ein paar Gladiolen als Blickpunkt – das war's.
Dieses Beet zeigt, dass es auch anders geht. Die breiten, kupferroten Blütenstände der Fetthenne (Sedum telephium 'Herbstfreude') sorgen für flächenhafte Farbspiele, die durch die fedrig leichten Fruchtstände des Grases und die silbrigen Blätter und Blüten des Perlkörbchens bestens zur Geltung gebracht werden.
Ähnliche Wirkungen erzielen Sie auch mit anderen Gräsern – wichtig sind hübsche Fruchtstände und ihre Höhe: Sie dürfen die Stauden nur knapp überragen.

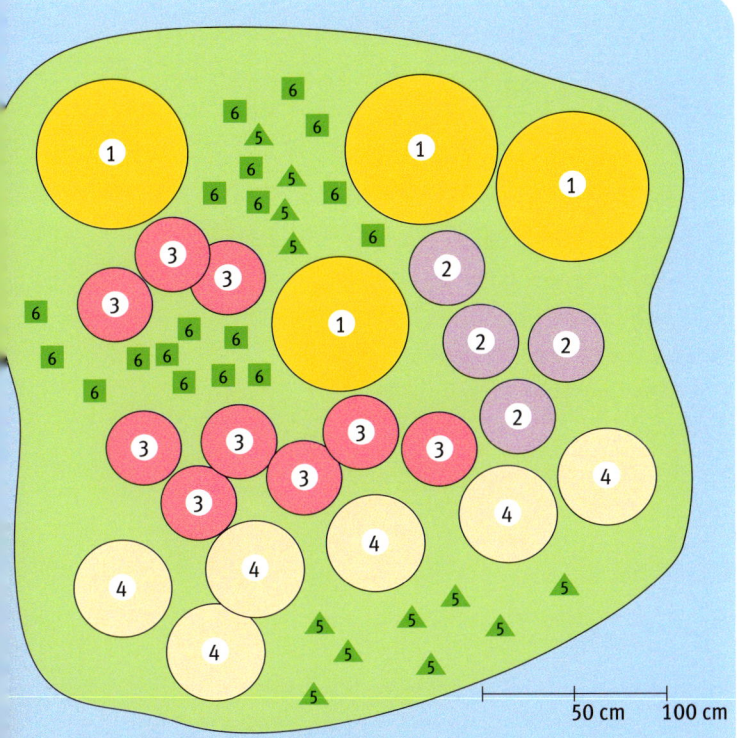

50 cm   100 cm

Das brauchen Sie:

1. Gartensandrohr (*Calamagrostis arundinacea*); ca. 60–120 cm ø, bis 100 cm hoch; 4–5 Pflanzen

2. Kissen-Aster (*Aster-Dumosus*-Hybriden); ca. 30–40 cm ø, bis 50 cm hoch; 4 Pflanzen

3. Purpur-Fetthenne (*Sedum telephium* 'Herbstfreude'); ca. 30 cm ø, 40–60 cm hoch; 9–10 Pflanzen

4. Silber-Perlkörbchen (*Anaphalis triplinervis*); ca. 50–60 cm ø, bis 60 cm hoch; 6 Pflanzen

5. Früh blühende Tulpen in Kombination mit farblich abgestimmten Narzissen; für eine Fläche von 20 x 20 cm benötigen Sie 2–3 Pflanzen

6. Für den Frühling entweder Krokusse oder Traubenhyazinthen (*Muscari armeniacum*); für eine Fläche von 20 x 20 cm benötigen Sie 5–6 Pflanzen

So pflanzen Sie:

Alle im Ausschnitt sichtbaren Pflanzen sind Stauden, die aus dem Container ganzjährig gepflanzt werden können. Für ein optimales Farbenschauspiel von Ende August bis Mitte September sollten Sie jedoch im Frühling pflanzen (bzw. im Herbst für die Blüte im nächsten Jahr).
Alle Pflanzen (mit Ausnahme der Aster) brauchen einen sonnigen, relativ trockenen Standort.
● Streuen Sie zunächst die Grenzen der Pflanzflächen mit Sand auf dem Beet aus, und beginnen Sie dann mit der größten Pflanze, dem Gartensandrohr (*Calamagrostis*); bei großen Beeten sollten Sie zusätzlich 3–4 Pflanzen in den Hintergrund setzen.
● Rechts daneben finden mehrere Exemplare einer niedrigen Aster (hier *Aster dumosus*) Platz. Sie sorgen für den blauvioletten Kontrast.
● Die Fetthenne wird scherenartig vor und hinter das Gras gepflanzt. Der Bereich zwischen den »Scherengliedern« bleibt frei – hier ist Platz für Frühblüher, die allerdings im Spätsommer nicht mehr sichtbar sind.
● Das Silber-Perlkörbchen (*Anaphalis*) wird in einer lockeren Drift in den Vordergrund gepflanzt. Die einzelnen Stauden dürfen ruhig etwas lückig stehen, je »luftiger« sie wirken, desto besser.

Expertentipp

Fetthenne, Perlkörbchen und Gartensandrohr sehen auch in der Vase gut aus und sind sehr lange im Zimmer haltbar. Sie lassen sich sogar trocknen und zu Trockensträußen binden.

So pflegen Sie:

Frühjahr: Das Gartensandrohr bis beinahe zum Boden abschneiden (ab Februar/März). Fruchtstände der Fetthenne abschneiden, ebenfalls erfrorene Triebe. Alle 3–4 Jahre teilen und düngen.

Sommer: Braune Blätter der Frühblüher abschneiden. Aster gezielt gießen und im Frühsommer leicht kopfdüngen. Hübsche Einjährige (z. B. rotblättriger Salat) in den Vordergrund pflanzen.

Herbst: Perlkörbchen und Aster nach der Blüte bis auf den Boden zurückschneiden und leicht mit Mulch abdecken. Sollte das Gras zu wuchtig geworden sein, Wurzel mit dem Spaten zerteilen.

Winter: Jetzt sind keine besonderen Maßnahmen notwendig. Entfernen Sie höchstens unschön aussehende oder faulende Triebe. Bis Ende November können Sie noch Zwiebelblumen setzen.

Pflanzen mit Überraschungseffekt

Vielfach sind es die kleinen Details, die einem Garten wirklichen Charakter geben. Da jeder Garten anders und die Geschmäcker sehr verschieden sind, lassen sich allerdings kaum allgemeine Regeln aufstellen.

Ein äußerst wirkungsvolles Mittel, Interesse für bestimmte Bereiche eines Gartens zu erwecken, sind Überraschungseffekte in jeder Form. Einige Tipps – die vielfältig abgewandelt werden können – sind auf dieser Doppelseite zusammengestellt. Für kreative Gartenbesitzer bieten sich hier reichhaltige Möglichkeiten. Es kommt jedoch stets darauf an, dass die Pflanzen nicht durch ihre Umgebung erdrückt werden; sie müssen stets gleichberechtigte Partner bleiben.

Sofern sie sparsam eingesetzt werden, sorgen auch außergewöhnliche oder selbst gemachte Gefäße (bemalte Terrakotta-Töpfe, Körbe, Blechbüchsen, alte Glaskrüge) für eine außergewöhnliche und überraschende Präsentation der Pflanzen.

So können Sie gepflasterte Flächen auflockern

Ungewöhnlich und mit wenig Aufwand herzustellen, sind durch Pflanzen aufgelockerte gepflasterte Flächen. Dabei kann es sich um eine Terrasse, einen Sitzplatz oder jede andere Form fester Fläche handeln. In die Lücken pflanzen Sie entweder direkt in die Erde oder in einen eingelassenen Kübel. Auf diese Weise entstehen »grüne Inseln«, die wie hier mit teppichartig-flach wachsenden oder höheren Stauden belebt werden. Besonders flexibel können Sie mit Einjährigen in Töpfen planen, die je nach Jahreszeit ausgetauscht werden.

Fugenbepflanzung: leuchtende Natursteinwege

Auch Wege müssen nicht unbedingt steril und völlig frei von Pflanzen sein. Hier liegt der Überraschungseffekt im Detail, da man kein Grün zwischen den Steinen erwartet.

Als Fugenfüller zwischen Steinplatten eignen sich z. B. Efeu (*Hedera helix*), Zwergmispel (*Cotoneaster dammeri*), Stachelnüsschen (*Acaena macrophylla*), Thymian (*Thymus*), Moosphlox (*Phlox subulata*) oder wie hier ein Blaukissen (*Aubrieta*). Niedrige Polsterstauden beiderseits des Weges unterstreichen die Wirkung der kriechenden Pflanzen.

Bunte Fülle statt Mörtel – bepflanzte Trockenmauern

Planen Sie bei der Anlage von Trockenmauern in unregelmäßigen Abständen kleine Lücken ein, in die Sie später verschiedene bunte blühende Steingartenpflanzen einsetzen können. Sie verankern sich in den Lücken und überwachsen nach und nach die gesamte Mauerfront.

> **Expertentipp**
>
> *Sie können auch in ebenen Gärten Trockenmauern anlegen – etwa als Begrenzung eines Hochbeetes.*

So können Sie einen Flechtzaun einfach aufwerten

Flechtzäune als Begrenzung erfreuen sich großer Beliebtheit: Sie sind einfach zu verbauen, in vielen Qualitäten erhältlich und werden oft preiswert angeboten. Andererseits dominieren sie als »braune Mauer« und lenken durch ihre große dunkle Fläche oftmals von den Pflanzen ab. Begrünen Sie die Fläche doch einfach! In unserem Beispiel wird das Flechtelement fast vollständig durch Kletterpflanzen (Waldrebe, Kapuzinerkresse) verborgen. Die Ranken finden in der Holzkonstruktion genügend Halt, so dass sie nicht angebunden werden müssen und auch keine Zusatzstütze benötigen.

So legen Sie sich einen »lebenden« Zaun an

Weidenruten sind ein sehr flexibles Material – nicht nur für Korbflechter. Wechselweise um senkrechte Stäbe geflochten, bilden sie beispielsweise rustikale Begrenzungen in beliebiger Höhe um Bauerngarten- oder Gewürzbeete. Wenn Sie in solche Zäune frisch geschnittene Weidenruten einflechten und in den Boden eingraben, schlagen die Ruten aus und bilden lebende, grüne Zäune.
Mit demselben Trick lassen sich nämlich auch hübsche »wachsende« Hütten für Kinder oder überdachte Sitzplätze bauen.

Grüne Insel im feuchten Schatten

In einer Gartenecke, die nicht gerade von der Sonne verwöhnt wird, fügen sich Feuchte und Schatten liebende Stauden zu einem Grün-in-Grün-Aspekt zusammen. Die kleine Wasserfläche – der Zulauf scheint wie natürlich über die Natursteine zu rinnen – spendet zusätzliche Feuchtigkeit für die Wasserpflanzen und belebt die Szene. In vielen Gärten finden sich solche scheinbar benachteiligte Flächen: Nutzen Sie die Schönheit der unterschiedlichsten Grüntöne und Blattformen, um daraus grüne Inseln zu schaffen. Statt, wie hier, einer Wasserfläche dienen auch dekorative Wurzeln oder Steine als Blickpunkt.

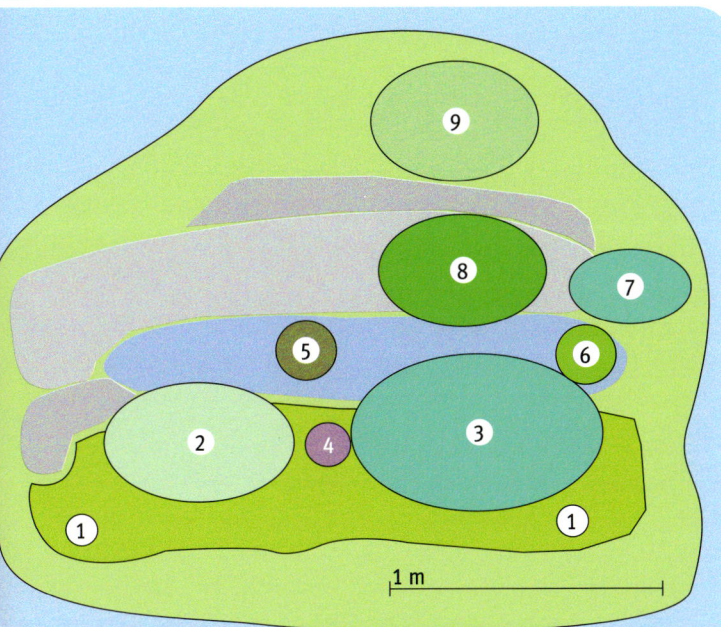

1 m

So pflanzen Sie:

Alle Pflanzen sind in Containern erhältlich und können ganzjährig gepflanzt werden; am besten ist allerdings das Frühjahr zur Pflanzung geeignet.
● Setzen Sie zunächst die Sumpfiris (Flachwasser) und den Froschlöffel (Flachwasser bis 30 cm Wassertiefe) in spezielle Körbe für Wasserpflanzen (andere *Iris*-Arten kommen in feuchte Erde). Auf diese Weise lassen sich die wuchernden Rhizome etwas unter Kontrolle halten.
● Als Nächstes werden der Farn, die Funkien und die Waldmarbel eingesetzt. Beachten Sie die Pflanzenbreite, damit alle Pflanzen auch genügend Raum haben, ihre Blätter wirkungsvoll zu entfalten.
● Zum Abschluss pflanzen Sie das Pfennigkraut ein – der Storchschnabel ist optional.
● Verteilen Sie zum Schluss großzügig fein gehäckselten Rindenmulch zwischen den Stauden.

Das brauchen Sie:

1. **Pfennigkraut** (*Lysimachia nummularia*), bis 5 cm hoch, nahezu unbegrenzt breit; 1–2 Pflanzen

2. **Weißblattfunkie** (*Hosta*), bis 60 cm hoch, 60–80 cm breit; 1 Pflanze

3. **Blaublattfunkie** (*Hosta*), bis 100 cm hoch und breit; 1 Pflanze

4. **Wald-Storchschnabel** (*Geranium sanguineum*), 30–60 cm hoch, 40 cm breit; 1 Pflanze

5. **Sumpfschwertlilie** (*Iris pseudacorus*), bis 120 cm hoch, 30 cm breit; 1 Pflanze

6. **Froschlöffel** (*Alisma plantago-aquatica*), Blütenstände 60–70 cm hoch, 30–40 cm breit; 1 Pflanze

7. **Waldmarbel** (*Luzula sylvatica*), 30–50 cm hoch, 60–70 cm breit; 1 Pflanze

8. **Grünblattfunkie** (*Hosta*), bis 80 cm hoch, 80–100 cm breit; 1 Pflanze

9. **Wurmfarn** (*Dryopteris filix-mas*), bis 110 cm hoch und breit; 1 Pflanze

Expertentipp

Funkien treiben relativ spät aus; in den ersten Jahren ist es daher – zur Beruhigung der Gärtnerseele – empfehlenswert, ihre Standorte im Herbst durch Bambusstäbchen zu kennzeichnen.

So pflegen Sie:

Frühjahr: Entfernen Sie die erfrorenen Farnwedel. Rhizome wuchernder Schwertlilien und Froschlöffel werden aus dem Wasser gehoben und geteilt. Funkien vor Schneckenfraß schützen.

Sommer: Alle Pflanzen regelmäßig gießen. Das Pfennigkraut wuchert stark und muss durch gezielten Rückschnitt eingeschränkt werden. Storchschnabel nach der Blüte stark zurückschneiden.

Herbst: Alle Pflanzen sind sehr robust und benötigen keine besondere Behandlung; in kalten Regionen ist jedoch eine Abdeckung mit Rindenmulch empfehlenswert. Teich säubern.

Winter: Bei Teichbecken mit fließendem Wasser sollte die Pumpe zu Winterbeginn entnommen, gewartet und bis zum Frühling im Keller gelagert werden.

So »verhüllen« Sie unschöne Bereiche

Pflanzen, die an festen Bestandteilen in Haus und Garten emporklettern oder langweilige Dächer beleben, erfüllen eine wichtige Aufgabe: Sie tragen das Grün der Blätter und die Farbe der Blüten in die dritte Dimension, erfüllen also in gewisser Weise die Aufgaben eines Gehölzes. Außerdem gibt es in fast jedem Garten Mauern, Bauten oder Bereiche, die man lieber vor dem direkten Blick verbergen möchte; auch hier ist eine »grüne Mauer« bzw. ein »grüner Vorhang« das Mittel der Wahl. Kletterpflanzen bieten besonders vielfältige Möglichkeiten für eine kreative Gestaltung:
Sie können das Klettergerüst hinter den Pflanzen verschwinden lassen (stabile Spanndrähte), sich für un- auffällig lasierte Holzspaliere oder kräftig bunt angestrichene Stützen entscheiden. Wählen Sie jedoch stets eine stabile Ausführung, denn Kletterpflanzen haben ein beträchtliches Gewicht.

Was beim Begrünen von Dächern zu beachten ist

Oftmals sind Garagen oder Vordächer so konstruiert, dass man sie von einem Fenster des Hauses aus betrachten kann – oder muss. Begrünen Sie diese langweiligen Flächen einfach! Klären Sie jedoch vorher unbedingt die Statik der Dachkonstruktion ab (suchen Sie den Rat eines Fachmannes). Als Faustregel sollte ein Dach etwa 50–120 kg pro Quadratmeter tragen können (mit Regen gesättigte Erde und Pflanzen sind schwer!). Außerdem braucht das Dach ein leichtes Gefälle und einen wirkungsvollen Abfluss, damit sich keine Staunässe bildet. Und es sollte für Pflegemaßnahmen leicht zugänglich sein. Erneuern Sie den wasserdichten Dachanstrich oder bringen Sie eine geeignete Folie aus. Achten Sie darauf, dass ein freier Wasserabfluss möglich ist. Ein so genanntes Wurzelschutzvlies verhindert, dass die Wurzeln bis in die Dachkonstruktion vordringen

und Schäden anrichten können. Auf die Dichtungsschicht kommt eine dünne Lage Drainagematerial (Lava, Blähton, Polysterolschaum o. Ä.). Decken Sie das Ganze dann mit einem Vlies ab und verteilen Sie darauf die Erde. Das Vlies verhindert,

dass Substrat in die Drainage geschwemmt wird. Gliedern Sie die Fläche, wenn sie recht groß ist, mit rustikalen Balken oder Steinen in unterschiedlich große Kassetten und/oder legen Sie leichte Unterschiede im Höhenniveau an.

Wände großflächig begrünen

Eine großflächige Begrünung von Wänden ist nicht nur schön, sondern auch baubiologisch empfehlenswert, da die Lufträume zwischen den Blättern wie eine Dämmschicht fungieren – kühl im Sommer, bei Immergrünen auch warm im Winter. Gut geeignet für Hausbegrünungen sind Efeu, Wilder Wein, Hopfen, Echter Wein (sonnig) oder Kletterhortensien (schattig).

▶ **Expertentipp**

An Grenzwänden müssen Sie selbstverständlich vorher klären, ob Sie sie begrünen dürfen.

Sicht- oder Sonnenschutz: die begrünte Pergola

Wenn Sie Ihre Pergola fast ausschließlich im Sommer nutzen, sollten Sie sich für blühende Kletterpflanzen entscheiden – von der Kletterrose über die Waldrebe bis hin zu Glyzinen oder Geißblatt. Kommt es Ihnen dagegen mehr auf den Sichtschutz zu einem Nachbarn an, sind klassische Kletterpflanzen zur Begrünung besser geeignet (siehe oben). Fast zu wüchsig, aber eben auch sehr dicht, sind Knöterichsorten.

▶ **Expertentipp**

Ein dichter Bewuchs mit Wein oder Wildem Wein kann sogar eine Dachkonstruktion auf der Pergola ersetzen.

Ein Innenhof muss nicht trist aussehen

Der Traum vom großen Garten darf ruhig auch im Kleinen geträumt werden. Auf diesen wenigen Quadratmetern sorgen eine begrünte Hauswand (Waldrebe), Kübelpflanzen und hübsche Terrakottagefäße auf dem Pflaster für die entsprechende Stimmung. Gerade dieses Beispiel zeigt, wie wichtig es ist, die Höhe als dritte Dimension in seine Gartenplanung einzubeziehen.
Wenn Sie das Rankgerüst für die Begrünung am Topf befestigen, kann die »Wandbegrünung« sogar jederzeit verlagert werden.

Gestalten mit festen Elementen

In der Geschichte der Gartenkunst gab es viele berühmte Architekten, die genaue Vorstellungen davon entwickelten, wie ein »Garten zum Haus« auszusehen hatte.

In der Tat sind die gebauten, also nicht-pflanzlichen Bestandteile eines Gartens ebenso wichtig für die Gesamtwirkung einer Anlage wie die Blumen und Gehölze. Daher sollte man sich möglichst gleich bei der ersten Planung auch Gedanken darüber machen, welche festen Elemente man wie einplant.

Niemand würde sich in einem Garten wohl fühlen, den man wie in einem Guckkasten nur aus einer Richtung betrachten kann. Die Schönheit der Pflanzen, von Beeten und Teichen erschließt sich erst, wenn man den Garten betritt, ihn mit allen Sinnen und aus allen Blickwinkeln erlebt.

Nicht immer ist die durch die Bauweise des Hauses vorgegebene Blickrichtung von der Terrasse aus auch die beste: unschöne Ausblicke auf Straßen, die Garage des Nachbarn, ein Parkplatz – es gibt viele Gründe, einen zweiten Sitzplatz im Garten einzurichten.

Wege geben einem Garten Charakter und gliedern ihn. Ein geschwungener, mit Rindenmulch belegter Weg erscheint uns natürlich, ein mit strengem Muster gepflasterter, gerader Weg dagegen formal. Beide sind aber – wenn der »grüne« Garten entsprechend gestaltet wurde – vollkommen sinnvoll und fügen sich perfekt in ihre Umgebung ein. Material, Breite und Wegführung können einen Garten in ein kleines Kunstwerk verwandeln.

Noch stärker in die Gestaltung greifen feste Elemente ein, die im strengen Sinne gar keine funktionelle Bedeutung haben: Bögen erzeugen Durchblicke und lenken den Blick auf ganz bestimmte Punkte. Durch gebaute Achsen kann ein kleiner Garten optisch verlängert werden. Mit Hilfe von Balkentoren, Gittern oder kleinen Pergolen können bestimmte Bereiche eines Gartens verdeckt werden – der Betrachter wird dadurch neugierig auf das gemacht, was ihn dahinter erwartet.

Mögen auch noch so viele Menschen über Gartenzwerge die Nase rümpfen, wer diese bunten Gesellen mag, kann sicher nichts mit der Plastik eines modernen Gartendesigners anfangen. Ob Terrakottakübel, ein lustiges Windrad oder eine Diana, die zwischen Efeu hervorlugt – es sind solche kleinen, festen Elemente, in denen sich die Persönlichkeit eines Gartenbesitzers besonders deutlich zeigt.

Feste Elemente planen

Gärten müssen wachsen und in Würde altern dürfen. Das gilt nicht nur für einen guten Pflanzenbestand, sondern auch für alle festen Elemente. Ganz gleich, wie Sie entscheiden, versuchen Sie das Bestmögliche zu bekommen, das Sie sich leisten können.

Unbedingt notwendig: ein Sitzplatz im Garten?

Das wichtigste »feste« Element im Garten ist wahrscheinlich ein zusätzlicher Sitzplatz. Warten Sie ab, wie sich der Garten entwickelt, dann ergibt sich der perfekte Standort meist von allein. Ziehen Sie folgende Aspekte in Betracht:
● Wenn Ihre Terrasse in der Sonne liegt, ist ein schattiger Sitzplatz an heißen Sommertagen eine echte Alternative – und umgekehrt.
● Gibt es einen guten Platz, an dem Sie die Abendsonne bzw. Morgensonne genießen könnten?
● Wollen Sie sich gelegentlich zurückziehen, ohne den Trubel von Familie oder Gästen, oder brauchen Sie einen Extraplatz, an dem Sie hemmungslos Ihrer Grill-Leidenschaft frönen können?

Sobald der Standort geklärt ist, kann die eigentliche Planung beginnen:
● Ein zu großer Sitzplatz kann die Harmonie eines Gartens empfindlich stören: Fragen Sie sich, wie viele Menschen den Sitzplatz regelmäßig benutzen werden. Es macht wenig Sinn, für eine Gartenparty zu bauen, die einmal im Sommer stattfindet, und sich den Rest des Jahres über eine überdimensionierte Fläche zu ärgern.
● Sitzplätze, auf denen nur Gartensessel, Stühle oder Liegestühle stehen, brauchen keinen perfekt geglätteten und ebenen Boden, hier genügen Kies oder rohe Natursteine.
● Sind dagegen Tische und Stühle für einen Essplatz geplant, sollte der Boden eben sein und keinerlei Unregelmäßigkeiten aufweisen. Hier bieten sich sauber verlegte Kunststeine oder geglättete Natursteine an.
● Eine elegante Lösung für beide Fälle stellen Holzdecks dar. Auch eine eventuelle Abdeckung durch ein Dach oder eine Pergola ist von der Art der Benutzung abhängig.

Gartenwege – nicht nur funktionell

Wege verbinden – sie haben damit eine eindeutige Funktion, sind aber auch Zierelemente.
● Viel begangene Wege müssen entsprechend stabil gebaut werden. Hier bietet sich eine Konstruktion aus Natur- oder Kunststeinen an, die auch dem Ziercharakter gerecht wird.
● Wege aus Holzpaneelen wirken zwar sehr dekorativ, werden aber bei Regenwetter leicht glitschig.
● Kies gehört zu den edelsten Materialien, muss aber gegen seitliches Abrutschen geschützt, von Unkraut befreit und gerecht werden.
● Mulch oder einzelne Platten aus Stein oder Holzscheiben wirken am natürlichsten und passen besonders gut in naturnahe Gärten.
Legen Sie vor den eigentlichen Baumaßnahmen die Wegekonturen mit zwei Seilen (für die beiderseitige Begrenzung) aus und finden Sie so die optimale Wegführung heraus. Übrigens denken die meisten Kinder nicht daran, den gut geplanten Windungen eines kunstvollen Weges zu folgen – wenn es zur Schaukel bzw. zum Saftglas auf der Terrasse geht, ist für sie der kürzeste Weg immer der beste.

Blickpunkte anlegen

Blickpunkte sind so wichtig, dass in fürstlichen Gärten schon mal eine Statue oder ein Kirchlein in der Entfernung errichtet wurde, um dem schweifenden Auge einen

✿ Suchen Sie Vorbilder

Während man eine Pflanze – wenn auch schweren Herzens – umpflanzen oder gar auf dem Kompost entsorgen kann, ist dies bei einem Weg oder einer teuren Sitzgarnitur kaum möglich. Daher lohnt es sich bei festen Bestandteilen auch finanziell, vor dem Kauf möglichst viele Beispiele anzusehen. Schauen Sie sich bei Bekannten um und fragen Sie nach der Herkunft interessanter Objekte. Besuchen Sie Schaugärten von Firmen, öffentliche Anlagen oder Gartenschauen – es ist besser, lange nach einem bestimmten Objekt zu suchen, als von Spontankäufen enttäuscht zu werden.

Bänke oder Stühle, die sich harmonisch in die Pflanzenwelt einfügen, werden zum integralen Bestandteil einer Gartenlandschaft und zu Blickpunkten mit eigenem Reiz.

Haltepunkt zu liefern. Solche Blickpunkte – in bescheidenem Format – erfüllen auch in unseren privaten Gärten ihren Zweck.

● Jedes Objekt oder bauliche Maßnahme, mit der die Gleichförmigkeit der Bepflanzung unterbrochen wird, wertet den Garten auf: In einem blumenbetonten Garten kann dies ein hübsch blühender und/oder gewachsener Strauch sein. Denselben Zweck erfüllt eine einfache Säule oder ein Torbogen, an dem eine Rose, Waldrebe oder Geißblatt hochklettern. In anderen Gärten könnte ein dekorativer Holzbogen, ein auffallender Kübel oder eine Gartenplastik diese Aufgabe übernehmen.

● Gerade Wege, die den Blick wie eine Achse auf einen Blickpunkt lenken, sind heute noch ebenso wirkungsvoll wie in einem Barockgarten. Sie betonen das Objekt an ihrem Ende und erzeugen mit ihren zusammenlaufenden Linien den Eindruck größerer Weite.

Verlieren Sie sowohl bei der Konstruktion von Achsen, als auch der Auswahl der pflanzlichen und nicht-pflanzlichen Blickpunkte aber niemals den persönlichen Stil und die Dimension Ihres Gartens aus dem Auge: Es kommt aus-

schließlich darauf an, die Wirkung des Gesamtbildes zu steigern – zu große oder zu auffällige Objekte wirken dagegen oftmals wie Fremdkörper.

Treppauf – treppab

Stufen sind derart bemerkenswerte Gestaltungselemente, dass man selbst in ebenen Gartengrundstücken nach Möglichkeiten suchen sollte, zumindest eine Stufe anzulegen, etwa als Zugang zu einem versenkten Sitzplatz oder in einen anderen Gartenbereich. Durch den Wechsel der Höhenstufe sind Stufen per se schon attraktiv, können aber durch spiegelbildliche Objekte rechts und links der Stufen (zwei Pflanzen, ein gleichartig bepflanztes Kübelpaar, Säulen oder Bogen mit Kletterpflanzen usw.) noch betont werden. Edle, glatt gemauerte Ziegelsteintreppen, rustikale Bohlentreppen, Natursteintreppen, Wechsel im Material, über die Stufen kriechende Pflanzen, halbkreisförmig geschwungene Stufen, Treppen, die durch einen abknickenden Weg im Nichts zu enden scheinen – es gibt beinahe grenzenlose Möglichkeiten, Treppen interessant in den Garten einzubinden.

Wege im Garten – nicht nur verbindend

Alle Wege im Garten haben einen Doppelcharakter: Sie sind nicht nur verbindende (funktionelle) sondern immer auch ästhetische Gestaltungselemente. Eine gute Wegeplanung wird daher stets versuchen, beide Aspekte eines Gartenweges in ein optimales Gleichgewicht zu bringen.
Ein viel begangener Weg muss zwangsläufig stabiler sein als ein schmaler Seitenweg in einem Bauerngarten. Achten Sie bei der Wegeführung und der Auswahl des Materials darauf, den Weg selbst zu einem gestalterischen Element im Garten zu machen. Fragen Sie sich stets, ob ein fester Weg in allen Fällen unbedingt erforderlich ist! Nur gelegentlich genutzte Sitzplätze erreicht man auch bequem direkt über die Wiese oder einige unauffällig in den Rasen eingelassene Trittsteine.

Sicherheit geht vor!

● Bei aller Ästhetik sollte die Sicherheit eines Weges oberstes Gebot sein. Lockere Platten, schief verlegte Steine, Senken in Mulchwegen oder glatte Oberflächen von Plankenwegen sind nicht nur unangenehm, sondern gefährlich.

● Wenn Sie eine Gartenparty feiern, die sich in den Abend bzw. die Nacht hinein ausdehnt, müssen Wege und vor allem Treppen gut beleuchtet sein – wenn nicht mit fest installierten Gartenleuchten, so doch zumindest mit hellen Gartenfackeln.

»Naturnahe« Wege

Selten begangene Wege fügen sich besonders gut in den Garten ein, wenn sie mit einem natürlichen Belag versehen werden. In einem eindeutig als »naturnah« geprägten Garten ist daher Mulch oder die teurere Variante »Dekomulch« das Mittel der Wahl. Der Untergrund eines Mulchweges muss nicht besonders verfestigt werden. Es reicht, den Wegverlauf einige Zentimeter tief auszugraben und den Mulch einzufüllen. Sollten Sie eine Randbegrenzung für erforderlich halten, bieten sich längs eingegrabene Holzbohlen oder kurze Palisaden an. Sand- oder Kieswege brauchen zwar mehr Pflege, wirken aber sehr edel. Der Untergrund sollte drainiert werden, Sie brauchen eine Randsicherung, und gelegentlich sollten Sie besonders schmutzige Kiesel durch neue ersetzen.

Etwas teurer: Natursteinwege

Wege aus Natursteinplatten fügen sich zwanglos in jede Art der Gartengestaltung ein. Natursteine sind robust und dauerhaft, haben aber auch ihren Preis. Wenn Sie den Weg selbst pflastern möchten, erkundigen Sie sich bei den Fachhändlern in Ihrer Umgebung nach Ihnen zusagenden Angeboten (Anlieferung nicht vergessen und Verschnitt bei Wegbiegungen einberechnen).
Sorgen Sie für einen tiefen Untergrund aus grobem Kies und einer Auflage aus Sand, in den die Platten je nach Dicke eingedrückt werden. Natursteinplatten können auch in Magerbeton verlegt werden.
Übrigens: Wie die ungleich großen Trittsteine im Rasen zeigen, ist weniger oftmals mehr!

Auflockernder Materialmix

Die meisten Firmen, die Betonform-
steine herstellen, zeigen in ihren Katalogen Möglichkeiten auf, wie man
die Steine musterhaft zusammenstellen kann (Kreise, Rauten, ab-
wechselnde Steingrößen). Solche
Ornamente lockern die Wegfläche in
der Tat auf, ziehen andererseits aber
auch die Blicke auf sich.
Von ornamentaler Wirkung sind
auch Materialwechsel innerhalb der
Wegbepflasterung: Ziegelsteine im
Wechsel mit Betonplatten; Natursteinplatten durchzogen von Basalt-
pflaster; Holzbohlen im Wechsel mit
Steinen usw.

▶ *Expertentipp*

*Achten Sie auf zurückhaltende
Materialwechsel, sonst wirkt der
Weg auf einmal viel zu dominant.*

Auf dem Holzweg

Ähnlich wie Natursteine gehört auch
Holz zu den natürlichen Materialien, die sich perfekt in einen Garten
einfügen. Holz ist allerdings – mit
der Ausnahme von Tropenhölzern –
anfällig gegenüber Fäulnis und daher nicht unbegrenzt haltbar.
Plankenwege, die auf einen gut drai-
nierten Untergrund verlegt werden,
sind jedoch relativ dauerhaft. Be-
dingt durch das Material zeichnen
sich Holzplankenwege durch gerade
Wegführung aus. Das Muster der
Planken hat eine stark graphische
Wirkung: Der Blick in Längsrich-
tung der Planken lässt einen Weg
länger erscheinen, quer verlegte
Planken »stauchen«, und im Winkel
aneinander stoßende Hölzer erzeugen graphisch interessante Muster.

Vielgestaltige Treppen

Passen Sie das Material der Treppe
dem Material der übrigen Wege an:
bei Mulchwegen flache Stufen, deren
Front aus Palisaden besteht, bei
Kieswegen Front aus Ziegelsteinen,
Formsteinen oder Holzbohlen.
Ob die Stufenkanten gerade oder ge-
schwungen, die Treppenführung gerade oder gewinkelt ist: Machen Sie
die Treppe zum Teil der Gartenkom-
position. Planen Sie die Stufenbreite
großzügig, damit Sie den Treppen-
aufgang mit Kübeln oder Natursteii-
nen verzieren können, oder pflanzen
Sie rechts und links der Treppe attraktive Sträucher.

▶ *Expertentipp*

*Achten Sie auf eine fachgerechte
Ausführung und prüfen Sie die
Treppenstufen regelmäßig auf
ihren Halt.*

Den Garten genießen – Sitzplätze

Was haben Sie von einem schönen Garten, den Sie nur durch das Wohnzimmerfenster betrachten können? Während eine Terrasse völlig selbstverständlich erscheint, halten viele Gartenbesitzer einen zweiten oder gar dritten Sitzplatz für unnötig: Der Garten ist zu klein, kein Bedarf, zu viel Aufwand – das sind die Argumente, die man zu hören bekommt. Dabei sind Sitzplätze viel mehr als »Aufbewahrungsort für Stühle«: Sie gliedern einen Garten, stellen Blickpunkte dar und ermöglichen es dem Benutzer, seinen Garten aus immer wieder anderen Blickwinkeln in Ruhe zu genießen.

Insbesondere für Familien mit Kindern kann ein zusätzlicher Sitzplatz den Genuss am Garten merklich steigern: Kinder können sich allein, mit Geschwistern und Freunden an einen »heimlichen« Platz zurückziehen; andererseits dürfen Eltern die Ruhe des Gartens genießen, ohne von den Kindern gestört zu werden.

Der »Klassiker« – die Terrasse als Sitzplatz

Die Terrasse, die sich an die Tür zum Garten anschließt, ist der Klassiker unter den Sitzplätzen. Damit sie sich als echtes »Wohnzimmer im Grünen« erweist, erfordert es in der Regel nur relativ wenig Aufwand.

Um die Terrasse optimal in den Garten einzubinden, sollten Sie sie begrünen. Grenzt sie – wie im abgebildeten Beispiel – an eine Mauer bzw. Trennwand zum Nachbargrundstück, bieten sich in erster Linie grüne und blühende Kletterpflanzen an, die den zwanglosen Übergang zum Grün des Gartens bewerkstelligen.

Eine gute Alternative bieten auch Topf- und Kübelpflanzen. Sie sind zudem noch sehr flexibel handzuhaben und können bei größerem Platzbedarf schnell umgruppiert werden.

Nach meiner Erfahrung ist es aber zunächst besser, mit preiswerten Stauden und Einjährigen zu experimentieren bis man den perfekten Standort

und die Größe weiß, und sich erst dann für teurere mehrjährige Pflanzen zu entscheiden.

Versuchen Sie vor allem, den Blick in den Garten zu lenken. Schöner ist es aber, wenn sich nicht alles auf einmal den Blicken darbietet. Geschickt platzierte Kübelpflanzen oder Gehölze direkt vor der Terrasse fungieren als Tor und schaffen Blickachsen. Sehr wirkungsvoll sind auch Blickfänge, die von bestimmten Stellen der Terrasse aus ins Auge springen (siehe Seite 154/155).

Eine Bank im Grünen

Statt eines aufwändig angelegten zweiten Sitzplatzes erfüllt bereits eine einzelne Bank ihre Aufgabe perfekt. Sie ist Ruhepunkt (manchmal möchte auch der gelassenste Gartenbesitzer dem Trubel der Familie entfliehen) und kann zum attraktiven Blickpunkt werden, wenn sie sich – wie hier – farblich oder durch die Bauart hervortut. Lassen Sie sich nicht beirren, wenn die Bank oder der Stuhl am Anfang vielleicht wie ein Fremdkörper erscheint: Sobald sie ein wenig Patina angesetzt hat oder die Pflanzen um Lehne und Beine wachsen, wird sie sich einfügen.

Der ruhige Beobachtungsposten

In vielen Gärten gibt es besondere Ecken, an denen man gerne verweilt. Das kann ein Teichbecken sein, wie in diesem Beispiel, ein Staudenbeet oder ein Steingarten, dessen Schönheit sich erst in der detaillierten Betrachtung erschließt. Hier ist der ideale Platz für einen festen oder mobilen Liegestuhl, der natürlich auch zum Lesen oder Faulenzen »zweckentfremdet« werden darf.
Hölzerne Liegestühle von guter Qualität sind bequem (mit Polsterauflage), man kann sie an unterschiedlichen Plätzen aufstellen und sie sehen zudem noch gut aus.

Der Trend zum »Zweit-Sitzplatz«

Ist der Garten groß genug oder besteht der Wunsch, regelmäßig viele Gäste einzuladen, sollte man ernsthaft über die Möglichkeit nachdenken, einen zweiten, größeren Sitzplatz anzulegen. Wenn ein Blickkontakt zwischen Terrasse und zweitem Sitzplatz möglich ist, sollte Letzterer in gleichem oder ähnlichem Stil angelegt werden, um Brüche zu vermeiden – das Gleiche gilt für den Verbindungsweg. Wenn Sie wollen, lässt sich die Einsicht mit einer Gitterwand, einer Pergola oder einem begrünten Bogen problemlos und wirkungsvoll kaschieren.

Blickpunkte und Achsen schaffen

Solange der Garten noch aussieht wie ein leer geräumtes Baugrundstück, wird der frisch gebackene Gartenbesitzer vor allem danach streben, die nackte Erde zu begrünen. Sobald sich jedoch Rasen, Beete und Rabatten etabliert haben, wird es Zeit für eine gezielte »Gartenkosmetik«.

Neben Wegen und Sitzplätzen gehören dazu vor allem die Blickpunkte und Achsen, die eine doppelte Aufgabe erfüllen: Da sie die Blicke auf sich ziehen, stehen sie einerseits selbst im Zentrum des Interesses, lenken andererseits aber das Interesse des Betrachters indirekt auf alles, was in ihrer Richtung zu sehen ist. Blickpunkte und Achsen sind interessant, sorgen für Spannung und helfen dabei, dem Betrachter die Pflanzen optimal zu präsentieren.

Betonen Sie Wegbeginn und Wegende

Neben den bereits erwähnten Bänken (siehe Seite 153) zählen Türen, Tore und Durchgänge zu den wichtigsten festen Blickpunkten im Garten. Sie liegen stets am Ende bzw. Anfang von Wegen, geraten also zwangsläufig in den Blickwinkel eines Betrachters.

Im Bildbeispiel wurde ein Gartentor durch Auswahl von Form und Farbe zu einem Schmuckstück aufgewertet. Die unaufdringliche Farbe harmoniert gut mit dem Weiß der Blüten und passt auch zum Grün der Blätter außerhalb der Blütezeit.

Bögen und Durchblicke rahmen die Aussicht ein

Ähnlich gute Blickpunkte stellen Bögen und Durchblicke dar. Meist werden sie im Zusammenhang mit einem Weg angelegt, das muss aber nicht zwangsläufig der Fall sein. Während über einen Weg gespannte Bögen dessen Achswirkung (siehe nebenstehendes Bild) verstärken, tritt bei freien Bögen mehr ihr Charakter als »Bilderrahmen« in den Vordergrund. (Hier rahmt ein Rosenbogen eine Staudenbepflanzung mit Fingerhut ein.) Spaziert man durch den Garten, ändert sich das »Bild«, das man durch den Rahmen betrachtet – viel Spielraum also für reizvolle Gestaltungsideen.

Achsen erweitern optisch den Garten

Der »Trick« von Achsen ist ihre optische Wirkung: Da die Randlinien am Ende perspektivisch zusammenzulaufen scheinen, empfinden wir die Wegstrecke größer als sie tatsächlich ist – ein ideales Gestaltungsmittel besonders für kleine Gärten. Im Bild eine nahezu klassische Achse, die von paarigen Hochstammrosen gesäumt wird.

Bögen (siehe Bild links), vor allem jedoch interessante Objekte oder Pflanzen, die genau im Fluchtpunkt der Achse liegen, lassen diesen Effekt noch viel auffälliger hervortreten.

➤ *Expertentipp*

Von säulenförmigen Gehölzen gesäumte Grasachsen wirken alleeartig und sehr natürlich.

Pflanzen – meist nur kurzzeitige Blickpunkte

Viele pflanzliche Blickpunkte (hier eine Robinie im gelben Laub) erlangen diesen Status nur kurzfristig. Blühende Forsythien, Kirsch- oder Pfirsichbäumchen, das rote Herbstlaub des Wilden Weines, das dürre Gezweig einer Korkenzieherweide – um nur ein paar Beispiele zu nennen – verwandeln sich in der Regel nur zu einer ganz bestimmten Jahreszeit in einen »Hingucker«, ansonsten fallen sie kaum zwischen den anderen Gartenpflanzen auf. Es gibt aber auch andere Gehölze, die durch ihre auffällige Wuchsform das ganze Jahr über zum Blickfang werden, z. B. ein Hartriegel mit roten oder leuchtend grünen Trieben oder ein Ahorn mit sich abschälender Rinde.

Accessoires im Zentrum des Interesses

Das Farbspektrum eines Blumenbeetes muss sich nicht zwangsläufig auf Pflanzen beschränken, auch Schmuckelemente im Beet können Blütenfarben vertiefen, Kontraste bilden oder zum Blickfang werden (siehe auch Seite 156/157).

Die rote Metallgießkanne erzeugt vor der Weißblattfunkie einen ähnlich starken Kontrast wie die tiefrote Pfingstrose. Da sie an unerwarteter Stelle steht, ist die Wirkung sogar noch verblüffender.

Dieses Bildbeispiel zeigt daher sehr gut, mit welch einfachen Mitteln Sie Spannung erzeugen und Blickfänge bilden können.

Kitsch oder Zierde – Gartenschmuck

Zur Kosmetik im Garten tragen auch die diversen Schmuckelemente bei – vom Gartenzwerg bis zur klassischen Statue, vom Terrakottakübel bis zum Windrad für Kinder.

Während einerseits der Gartenschmuck in seiner Vielfalt keinerlei Wünsche offen lässt, bewegt man sich bei der Gestaltung häufig auf schmalem Grat zum Kitsch. Am besten ist es, man folgt der Stimme seines Gefühls und entscheidet sich spontan für Objekte, die persönlich gefallen. Allerdings sollten die ausgewählten Stücke zueinander passen und die Pflanzen in ihrer Umgebung nicht erdrücken.

Wenn Sie dennoch unsicher sind, wie Sie vorgehen sollen und welche Objekte Sie auswählen möchten, sollten Sie mit einigen attraktiven Pflanzgefäßen beginnen. Man kann sie auch anderweitig verwenden, wenn sich herausstellen sollte, dass sie sich partout nicht als Schmuckelement im Beet eignen.

Blumentöpfe und Kübel in ungewohnter Umgebung

Niemand wäre verwundert, Blumenkübel auf der Terrasse oder dem Balkon zu finden – aber mitten im Beet? In der Tat kann man mit bepflanzten Kübeln sehr geschickt gestalten.
In fast jedem Beet gibt es früh blühende Zwiebelpflanzen, die sich im Frühsommer zurückziehen und leere Stellen hinterlassen. Natürlich könnte man hier nun Einjährige auspflanzen oder die Flächen mit Nachbarstauden überdecken. Eine Kübelpflanze erfüllt denselben Zweck und bietet zudem noch den Vorteil eines zusätzlichen farbenprächtigen Blickpunktes! Schöne Kübel sind nicht billig, aber man findet hin und wieder Sonderangebote oder Auslaufmodelle, die preiswerter abgegeben werden. Schlagen Sie zu! Irgendwann werden Sie genau »diesen« Kübel benötigen – außerdem hat man ja ohnehin nie genug Töpfe und andere Pflanzgefäße zur Hand. Anders als auf Balkon oder Terrasse sollte ein Gefäß im Beet nicht zu stark durch Farbe und Form von den Pflanzen ablenken: Er sollte zwar gut sichtbar sein, darf aber nicht das ganze Beet dominieren, sollte markant in der Form, aber auch nicht aufdringlich sein.

Das ideale Material ist Terrakotta in seiner rot gebrannten Urform mit sparsam eingesetzten Zierelementen. Wenn Sie farbige Krüge mögen, sollten sie zum Farbthema des Beetes passen: kontrastreich oder harmonisch Ton-in-Ton.

Hier lacht die Sonne nicht nur vom Himmel

Dieses Beet scheint nahezu in der Sommersonne zu strahlen. Pflanzen und Beetschmuck sind vollkommen stimmig ausgewählt und tragen zum fröhlich-harmonischen Gesamteindruck bei.

Der Vorteil von solchen Figuren auf Stecken liegt in ihrer freien Verfügbarkeit. Sie können jederzeit an anderer Stelle neu arrangiert werden. Leider bekommt man nicht immer genau die Zierelemente, die man gerade gerne hätte. Daher mein Tipp: Kaufen Sie ruhig »auf Halde«, wenn Sie hübsche Objekte sehen.

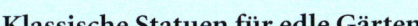

Klassische Statuen für edle Gärten

In den Gärten des Barock und Rokoko gehörte ein Figurenprogramm aus menschlichen, tierischen und Sagengestalten zur festen Ausstattung eines großen Gartens. Heute bietet jedes bessere Gartencenter Repliken solcher Statuen an. In geeigneter Umgebung (wie hier zwischen Buchsbaum), vor Eibenhecken, halb verborgen zwischen Farnen oder Gehölzen haben sie noch immer ihren Reiz. Allerdings sollten Sie nicht gleich mit Seife und Bürste eingreifen, wenn sich Algen, Moose oder Flechten zeigen – die Patina des Alters macht sie nur attraktiver.

Schön ist, was gefällt!

Die Auswahl an Gartenschmuck ist beinahe unüberschaubar. Die Spanne reicht von teuren Designer-Einzelstücken bis zu preiswerter Massenware, von alt bis supermodern. Daher ist es schwierig, allgemeine Regeln zu formulieren, die über das hinausgehen, was in der Einleitung formuliert ist. Vielleicht so viel: Objekte, die zum Betrachten, Staunen oder Schmunzeln anregen, passen gut in die Nähe eines Sitzplatzes, großflächige oder farblich auffallende Stücke besser in größere Entfernung.

Erklärung der Fachausdrücke

Absenker: Bewurzelte Jungpflanzen aus vorjährigen Seitentrieben. Die Ableger werden in einem Bogen in die Erde gesenkt und von dort wieder nach oben gerichtet. Die Bewurzelung erfolgt an der Umbiegungsstelle. Nach der Bewurzelung werden die Ableger abgetrennt.

Auge: In den Blattachseln von Stauden, Sträuchern und Bäumen sitzen kleine, »schlafende« Knospen, die so genannten Augen. Aus diesen treiben die Seitenzweige aus.

Ausläufer: Manche Pflanzen (z. B. Erdbeeren) bilden oberirdische Seitentriebe, die sich selbst bewurzeln und zu neuen Pflanzen werden.

Auslichten: Schnittmaßnahme, die dazu dient, die Wuchsform eines Gehölzes aufzulockern. Beim Auslichten werden schwache oder quer wachsende Triebe entfernt.

Ballen: Von Erde umgebenes Wurzelwerk einer Pflanze.

Baum: Gehölz mit einem Hauptstamm, von dem aus sich die Seitentriebe ausbreiten.

Blattstielranker: Kletterpflanzen, die mit Hilfe fadenförmig verlängerter Blattstiele in die Höhe klettern.

Blühperiode: Die Phase im Leben einer Pflanze, in der natürlicherweise die Blüten ausgebildet werden. Schneidet man Verblühtes regelmäßig ab, kommt es häufig zu einer zweiten Blühperiode.

Bodendecker: Pflanzen, die flächig wachsen und somit die Erde unter Gehölzen oder in Beeten verdecken.

Breitsaat: Breitwürfiges Aussäen des Saatgutes, das dann entweder eingearbeitet oder ausgewalzt wird. Auf diese Weise ausgesäte einjährige Pflanzen müssen nach dem Auskeimen ausgedünnt werden (schwache Pflänzchen entfernen).

Container: Kunststoffbehälter für Stauden, Sträucher und Bäume.

Dibbelsaat: Fleckenweises Ausbringen mehrerer Saatkörner, so dass die Pflanzen in Horsten stehen.

Dünger, mineralischer: Industriell hergestellter Dünger, der alle (Volldünger) oder bestimmte Mineralien (Spezialdünger) enthält. Er gibt seine Nährstoffe rasch und gezielt an den Boden ab; meist in Form von Körnchen angeboten.

Dünger, organischer: Natürlich entstandene Dünger wie Mist, Gesteinsmehl, Knochenmehl oder Hornspäne. Er gibt seine Nährstoffe langsam an den Boden ab.

Dunkelkeimer: Pflanzen, deren Samen nur im Dunkeln auskeimen. Sie müssen bei der Aussaat mit Erde bedeckt werden (Angaben dazu auf der Samentüte).

Einjährige: Pflanzen, die innerhalb eines Jahres aus dem Samen austreiben, Blüten und Samen bilden und danach absterben, d. h., sie gehen jedes Jahr neu aus Samen hervor.

Entgeizen: Ausbrechen von Blütentrieben aus den Blattachseln (z. B. Tomaten). Auf diese Weise »investiert« die Pflanze alle Nährstoffe in die bereits vorhandenen Früchte und bildet keine neuen Blüten mehr aus.

Entspitzen: Ausbrechen oder Abschneiden der Spitzenknospe. Dadurch wird der Austrieb von Seitentrieben gefördert, die Pflanze wird buschiger und blüht besser.

Flachwurzler: Pflanzen, deren Wurzeln sich flach und dicht unter der Erdoberfläche ausbreiten (häufig bei Pflanzen für trockene Standorte).

Gehölze: Pflanzen mit verholzten Stämmen und Zweigen.

Gründünger: Pflanzen, die zur Bodenverbesserung auf einer freien Fläche ausgesät werden. Sie verhindern die Austrocknung des Bodens und unterdrücken Unkräuter.

Haftscheiben: Aus dem Spross von Kletterpflanzen wachsende Saugorgane, die sich am Untergrund verankern und die Pflanze ohne Kletterhilfe befestigen.

Haupttrieb: Stärkster Trieb einer Pflanze, von dem seitliche Triebe abzweigen.

Hochstamm: Von der Baumschule durch Pfropfung oder gezielten Schnitt erzeugte Wuchsform. Die grünen Triebe wachsen erst in einer gewissen Höhe aus einem kahlen Stamm.

Humus: Nährstoffreiche obere Bodenschicht, die aus verrottetem organischem Material entsteht.

Knolle: Unterirdisches Speicherorgan von Stauden, das aus Sprossen oder Wurzeln entsteht. Knollen (z. B. Dahlien) werden wie Zwiebeln verwendet und je nach Blütezeit entweder im Frühjahr (Dahlien, Gladiolen) oder im Herbst (Alpenveilchen) gesetzt.

Knospe: Vor dem Austrieb sind Blätter, Blüten oder Seitentriebe von Hüllblättern umgeben. In diesem Stadium werden sie als Knospe bezeichnet.

Kompost: Humusartige Erde, die bei der Kompostierung organischer Abfälle entsteht; nährstoffreiche Beetauflage.

Koniferen: Gehölze, deren Blätter als Nadeln ausgebildet sind.

Laube: Offenes Gartengebäude mit durchbrochenen Seitenwänden; meist mit grünen oder blühenden rankenden Pflanzen bewachsen.

Laubengang: Offener Durchgang mit bogenförmigem oder geradem oberen Abschluss; meist mit grünen oder blühenden, rankenden Pflanzen bewachsen.

Lichtkeimer: Pflanzen, deren Samen zum Keimen eine bestimmte Lichtmenge benötigen. Solche Samen dürfen nicht in die Erde eingegraben werden (Angaben auf den Samentüten beachten).

Mulch: Deckschicht für Beete und freie Erdflächen; Mulch hält Bodenfeuchtigkeit zurück und unterdrückt Unkräuter. Als Mulchmaterial dienen Rasenschnitt, Laub, zerkleinerte Baumrinde und Zweige.

Nährstoffe: Bodenmineralien, die für das Wachstum der Pflanzen erforderlich sind.

Nutzpflanzen: Gemüse, Salate, Gewürze und Heilpflanzen, auch Obstgehölze.

Pergola: Offene Balkenkonstruktion ohne Seitenteile, z. B. über einer Terrasse oder einem Sitzplatz; häufig bewachsen.

pH-Wert: Gibt den Säuregrad des Bodens an. Böden mit pH um 7 sind neutral, kleinere Werte kennzeichnen saure (z. B. torfige Böden), höhere Werte basische (z. B. Kalkböden) Böden.

Pikieren: Vereinzeln der kleinen, aus dem Samen gekeimten Pflänzchen. Durch das Pikieren bekommt die Einzelpflanze mehr Licht und besseren Zugang zum Substrat.

Pilliertes Saatgut: Samen, der vom Hersteller mit einer Schicht aus Nährstoffen umgeben wurde; erlaubt problemlose Aussaat.

Rabatte: Besondere Form eines Staudenbeetes. Meist entlang von Wegen, Mauern oder Zäunen angelegt.

Reihensaat: Aussaat in Reihen, die eine bessere Standraumverteilung, Hackpflege und Unkrautbekämpfung ermöglicht. Reihenabstand und Saattiefe sind artspezifisch und auf den Saatgutpackungen angegeben.

Rhizom: Fleischig verdickter Wurzelstock, in dem Pflanzen Nährstoffe speichern.

Rotte: Die Zersetzung organischer Abfälle mit Hilfe von Bodenorganismen wird als Rotte bezeichnet.

Schlingpflanzen: Kletterpflanzen (z. B. Hopfen oder Stangenbohnen), die sich durch kreisende Wachstumsbewegungen der sich verlängernden Sprossachse an Stützen in die Höhe winden.

Schwachzehrer: Gemüse werden ihrem Nährstoffbedarf entsprechend in so genannte Schwach- und Starkzehrer eingeteilt. Schwachzehrer benötigen wenig Nährstoffe. Zu ihnen zählen z. B. Buschbohnen.

Seitentrieb: Aus den Knospen des Haupttriebes entwickeln sich je nach Art unterschiedlich verzweigte Seitentriebe. In der Regel tragen sie die Blüten.

Spreizklimmer: Kletterpflanzen (z. B. Brombeere, Kletterrosen), die mit rückwärts gerichteten Seitentrieben, Stacheln, Dornen oder Kletterhaaren emporwachsen.

Sprossranker: Kletterpflanzen (z. B. Weinrebe, Erbsen), die mit Hilfe verlängerter Sprossteile klettern.

Starkzehrer: Gemüsearten, die einen hohen Nährstoffbedarf haben, z. B. Möhren.

Stauden: Blühende, mehrjährige Pflanzen, deren oberirdische Teile im Winter absterben.

Staunässe: In Senken oder Böden mit tiefer liegenden, tonigen Schichten kann das Regenwasser nicht abfließen und verbleibt zwischen den Bodenteilchen – Staunässe ist die Folge.

Steckhölzer: Stecklinge von unbelaubten, ausgereiften, in der Regel einjährigen Trieben Laub abwerfender Sträucher.

Stecklinge: Abgeschnittene Pflanzenteile, die sich bewurzeln und Knospen und Triebe bilden.

Strauch: Gehölz mit mehreren Haupttrieben, die sich zu Seitentrieben verzweigen.

Strauchbeete: Beete, die mit Sträuchern bepflanzt sind. In die Zwischenräume passen im Frühling Zwiebelpflanzen, im Sommer Schattenstauden.

Tiefwurzler: Pflanzen, die eine sehr weit in den Boden reichende Hauptwurzel und wenige Nebenwurzeln ausbilden.

Tochterpflanzen: Aus Ausläufern oder Absenkern entstehende neue Pflanzen.

Trockenmauer: Aus Natursteinen, ohne Mörtel aufgeschichtete, niedere Mauer. In mit Erde gefüllte Zwischenräume pflanzt man Trockenheit liebende Stauden oder Gewürze.

Verblühtes: Sobald die Blütenblätter verwelken, setzt der nährstoffzehrende Prozess der Samen- und Fruchtbildung ein. Wird Verblühtes regelmäßig entfernt, »investiert« die Pflanze meist in eine neue Blüte.

Vertikutierer: Mit Hand oder Motor getriebenen Geräten wird die Grasnarbe senkrecht eingeschnitten. Damit wird verfilzter Rasen entfernt und der Wasserabfluss verbessert.

Wedel: Blätter von Farnen.

Wildtriebe: Bei veredelten Gehölzen treiben manchmal aus der Pfropfunterlage so genannte Wildtriebe aus. Sie müssen entfernt werden.

Wurzelkletterer: Kletterpflanzen, die Haftwurzeln als Kletterhilfe entwickeln, z. B. Efeu.

Wurzelschnittlinge: Wurzelteile, die sich zu neuen Pflanzen entwickeln können.

Zweijährige: Pflanzen, die im ersten Jahr aus dem Samen austreiben, Blüten und Samen aber erst im Folgejahr bilden.

Zwiebel: Speicherorgan aus fleischigen Blättern, die einen ruhenden Spross umgeben. Nach der Blüte bilden die grünen Blätter neue Nährstoffvorräte für das Folgejahr aus.

Hilfreiche Literatur und Adressen

Hilfe und Anregungen bei allen gärtnerischen Problemen bieten Organisationen und Verbände, Zeitschriften und Bücher.
Legen Sie schriftlichen Anfragen stets einen frankierten Rückumschlag bei.

Bodenuntersuchungen:

Auskunft über Institutionen in Ihrer Nähe erteilt:
Verband Deutscher Landwirtschaftlicher Untersuchungs- und Forschungsanstalten
Siebengebirgsstraße 200
53229 Bonn

Pflanzenschutz:

Biologische Bundesanstalt für Land- und Forstwirtschaft/Institut für Pflanzenschutz im Gartenbau
Messeweg 11/12
38104 Braunschweig

Bundesamt für Landwirtschaft, Sektion Zertifizierung und Pflanzenschutz
Mattenhofstraße 5
CH–3003 Bern

Österreichische Agentur für Gesundheit und Ernährungssicherheit GmbH
Spargelfeldstraße 191
A –1226 Wien

Pflanzenschutzmittel, Erden, Dünger:

W. Neudorff GmbH KG
Postfach 1209
31857 Emmerthal

Verbände:

Bund deutscher Baumschulen e.V.
Bismarckstraße 49
25421 Pinneberg

Bund deutscher Staudengärtner
Godesberger Allee 142-148
53175 Bonn

Deutsche Gartenbaugesellschaft 1822 e.V.
Webersteig 3
78462 Konstanz

Österreichische Gartenbaugesellschaft
Parkring 12/III 1
A–1010 Wien

Verband Deutscher Gartencenter
Borsigallee 10
53125 Bonn

Zeitschriften:

FLORA
Gruner & Jahr AG & Co. KG
20444 Hamburg

Gärtnern leicht gemacht
Living & More Verlag GmbH
Lange Straße 51
77652 Offenburg

Gartenpraxis
Eugen Ulmer Verlag
Postfach 7000561
70574 Stuttgart

Garten und Haus
Österreichischer Agrarverlag
Achauerstraße 49 a
A–2333 Leopoldsdorf/Wien

GartenZeitung
Deutscher Bauernverlag GmbH
Wilhelmsaue 37
10713 Berlin

Kraut & Rüben
DLV GmbH
Lothstraße 29
80797 München

mein schöner Garten
Burda Senator Verlag GmbH
Postfach 1520
77605 Offenburg

Schweizer Garten
Zeitschrift der deutsch-schweizerischen Gartenbauvereine
Bahnhofplatz 1
CH – 3110 Münsingen

Weiterführende Literatur:

Englbrecht, J.: *Kräutergarten*
Gräfe und Unzer Verlag, München

Englbrecht, J.: *Weekend Gärtner*
Gräfe und Unzer Verlag, München

Haas, H.: *Pflanzenschnitt*
Gräfe und Unzer Verlag, München

Hertle/Kiermeier/Nickig: *Gartenblumen*
Gräfe und Unzer Verlag, München

Hudak, R.: *Obst, Gemüse & Kräuter*
Gräfe und Unzer Verlag, München

Leute, A.: *Rosengarten*
Gräfe und Unzer Verlag, München

Simon, H.: *Gärten gestalten*
Gräfe und Unzer Verlag, München

Arten- und Sachregister

Der Autor

Dr. Wolfgang Hensel ist habilitierter Botaniker und arbeitete viele Jahre in Forschung und Lehre an den Universitäten Bonn und Münster. Seit 1990 ist er als freier Autor und Übersetzer tätig. Er hat zahlreiche Gartenbücher veröffentlicht, vor allem zu Themen der Gartengestaltung und Gartenpraxis. Dr. Wolfgang Hensel hält fortlaufend Gartenkurse und Vorträge zu gärtnerischen, botanischen und ökologischen Themen. Die vielfältigen Anregungen aus diesen Kursen und Vorträgen bildeten die Grundlage für die Erarbeitung dieses Buches.

Die Fotografen

Alle Fotos im Praxisteil von Wolfgang Redeleit mit Ausnahme von:
Becker: 72 mi. o.; Borstell: 56 re., 72 u., 73 mi., 73 mi. u. 73 u.; Gardena: 14 li., 19 o., 21 mi o., 33 o., 48 re.; Henseler: 68 re.; Himmelhuber: 40 mi., 41 o.; IPO: 61 mi.; Jahreiß/Wunderlich: 2/3, 4, 6, 8/9, 11, 23, 43, 74/75; Kögel: 73 o.; Kremer: 40 u., 41 mi. o.; Markgraf: 69 mi., 69 re.; msg/Jarosch: 33 mi.; msg/Nordheim: 37 u.; msg/Stork: 15 re., 20 o., 46 u.; Nickig: 72 mi.; Picture Press: 57 li., 57 re.; Reinhard: 40 o., 40 mi. u., 41 mi. u., 41 u., 44; Sammer: 52 u., 70 u.; Schaefer: 68 li., 69 li.; Schneiders: 72 o.; Schneider/Will: 46 o., 56 li.; Stork: 36 o., 36 u., 37 o., 37 mi.;

Alle Fotos im Porträtteil von Marion Nickig mit Ausnahme von:
Becker: 85 mi.; 95 li., 104 re., 108 mi., 109 li., 109 mi., 109 re., 117 li.; Jahreiß/Wunderlich: 79, 93, 111; Redeleit: 88 mi.; Reinhard: 90 re., 106 mi., 113 mi., 117 re.; Strauß: 77, 84 li., 87 mi., 102 re., 106 li., 113 li., 115 re; Willemse: 84 mi.;

Fotos im Gestaltungsteil:
Becker: 129 o.; Borstell: 125, 130, 138, 149, 151 li., 153 mi., 153 u., 154 re., 157 mi.; Jahreiß/Wunderlich: 120/121, 123, 148; Nickig: 124, 133 re., 136, 142, 144, 145 o., 145 u., 151 mi., 152, 153 o., 154 li.; Redeleit: 132, 140 u.; Schneider/Will: 137 o., 140 o., 141 o., 141 u., 150 li., 155 re.; Reinhard: 133 mi., 137 u., 141 mi., 145 mi., 151 re.; Stein: 147, 155 li.; Strauß: 128, 129 mi., 133 li., 134, 137 mi., 150 re., 155 mi., 156, 157 o., 157 mi.;

Fotos Cover und Rückseite:
Cover: Ulrike Romeis, Dortmund
Rückseite: beide Abbildungen von Wolfgang Redeleit, Bienenbüttel

Dank

Verlag und Autor danken der W. Neudorff GmbH KG in Emmenthal und der Gardena International GmbH in Ulm für die freundliche Unterstützung.

Verlag und die Fotografen Jahreiß/Wunderlich danken für die freundliche Unterstützung bei der Fotoproduktion: Fam. Agthe, Selb; Sabine Bonnekamp, Rehau; Fam. Brandl, Marktredwitz-Lorenzreuth; Regina Hacker, Arzberg; Fam. Heine, Selb; Fam. Hellus, Selb; Fam. Jahreiß, Selb; Fam. Jemelka, Selb; Fam. Meier, Selb; Frau Mähner, Hohenberg; Fam. Pohl, Selb; Nicole Skala, Selb; Renate Voss, Selb; Fam. Wunderlich, Marktredwitz-Lorenzreuth; Günter Wunderlich, Selb.

Impressum

© 2005 GRÄFE UND UNZER Verlag GmbH, München
Alle Rechte vorbehalten. Nachdruck, auch auszugsweise, sowie Verbreitung durch Film, Funk, Fernsehen und Internet, durch fotomechanische Wiedergabe, Tonträger und Datenverarbeitungssysteme jeder Art nur mit schriftlicher Genehmigung des Verlags.

Programmleitung: Steffen Haselbach
Leitende Redaktion: Anita Zellner
Redaktion: Michael Eppinger
Lektorat: Sonnhild Bischoff
Bildredaktion: Silvia Ebbinghaus
Umschlaggestaltung und Layout: independent Medien-Design, München
Produktion: Susanne Mühldorfer
Satz: Bernd Walser Buchproduktion, München
Reproduktion: Fotolito Longo, Bozen
Druck: Appl, Wemding
Bindung: Oldenbourg Buchmanufaktur, Monheim
Printed in Germany

ISBN 3-7742-6681-6

Auflage	4	3	2	1
Jahr	2008	2007	2006	2005

GRÄFE UND UNZER

Ein Unternehmen der
GANSKE VERLAGSGRUPPE

GU GARTENSPASS

Schritt für Schritt zum grünen Paradies

ISBN 3-7742-6681-6
168 Seiten
16,90 € [D]/17,40 € [A]/30,10 sFr

ISBN 3-7742-6680-8
168 Seiten
16,90 € [D]/17,40 € [A]/30,10 sFr

Das Erfolgsprogramm von GU für alle Einsteiger, die schnell und leicht ihre Pflanzenträume
im Garten oder auf Balkon und Terrasse verwirklichen wollen.

WEITERE TITEL ZUM THEMA BALKON:

➤ Balkonblumen in Töpfen, Kästen und Ampeln
➤ Kübelpflanzen erfolgreich pflegen
➤ Balkon & Kübelpflanzen
➤ Küchenkräuter auf Balkon und Terrasse

Willkommen im Leben.